*Dieses Buch widme ich
allen Pferden dieser Welt.*

INHALTSVERZEICHNIS

Vorwort
von
Jan van Helsing

Vorwort von Jan van Helsing

Liebe Leserinnen und Leser,

wir leben in einer zunehmend roher werdenden Welt, in einer Gesellschaft, in der nur das zu zählen scheint, was man anfassen und messen kann. Es zählen der geschäftliche Erfolg, der materielle Besitz und das gute Ansehen auf der einen Seite, andererseits prägt viele Menschen zudem ein atheistisches Weltbild, welches weder eine Seele noch einen Gott benötigt, also eine intelligente Kraft, die dem Schöpfungsprozess zugrunde liegt. Es zählt auch nur das, was die etablierte Wissenschaft bestätigt hat, was der Arzt sagt und was Mainstream-Dokumentationen als „seriös" darstellen. Und wenn doch mal etwas im Leben passiert, das man sich nicht erklären kann, ja etwas, was es eigentlich nicht geben dürfte, das aber dennoch geschieht, dann wird der ominöse „Zufall" herangezogen. Willkommen in der Welt des betreuten Denkens...

Glücklicherweise gibt es aber auch noch die „andere" Weltsicht – die Welt des Spirituellen, des Feinstofflichen und der Intuition. Es gab schon immer und es gibt auch weiterhin Menschen, denen eine Gabe zu eigen ist – meist von Geburt an –, etwas wahrzunehmen, was mit den physischen Augen nicht zu sehen, aber dennoch vorhanden ist. So, wie man die Liebe weder sehen, anfassen oder messen kann, und dennoch spürt sie jeder. Es gibt z.B. Menschen mit dem sog. *Zweiten Gesicht* oder solche, die die *Aura* eines Menschen sehen können, sein Energiefeld. Dann gibt es sog. *Hellseher*, die in der Lage sind, die Zukunft einer Person oder gar unseres gesamten Planeten zu sehen, wobei sie in vielen Fällen auch die Möglichkeit haben, Krankheiten anderer Menschen wahrzunehmen. Der Neffe meiner Frau ist beispielsweise jemand, der die Organe eines Menschen und deren Zustand sehen kann.

Eine weitere Kategorie – und das ist die, von der wir gleich durch Pauliens Wirken mehr erfahren werden – ist die der *spirituellen Medien*, also von Menschen, die mit Verstorbenen kommunizieren oder Botschaften aus der unsichtbaren, der feinstofflichen Welt an die unserige weitergeben können. Spirituelle Medien sind sozusagen Mittler, weil sie zwischen der feinstofflichen und der physischen Welt vermitteln – oder auf Neudeutsch: *channeln* (englisch: *Kanal*). In der Art und Weise, wie ein Radio oder das Fernsehen ein Medium für Funkwellen ist und diese für uns sicht- oder/und hörbar macht, so ist ein *spirituelles Medium* Mittler zwischen der feinstofflichen Welt und der physischen – zwischen dem Jenseits und dem Diesseits – und übermittelt uns Botschaften aus dieser.

In den meisten Fällen haben solche „begabten" Menschen ihre Fähigkeiten von klein auf, sind sozusagen damit geboren worden. Doch wer schenkt einem Kind große Aufmerksamkeit, wenn es das erzählt, was es mit seinem „anderen Blick" wahrgenommen hat? Ich möchte Ihnen ein Beispiel nennen, damit Sie in etwa nachvollziehen können, was ich meine: Eine Mutter beschrieb mir einmal, dass ihre kleine Tochter mit dem Papa auf dem Bett lag, der ihr gerade aus einem Buch vorlas, und die Kleine dann plötzlich aus heiterem Himmel überzeugt von sich gab: *„Ich war schon einmal da. Einmal ganz lang, dann aber einmal nur ganz kurz."*

Bei einer anderen Gelegenheit, als ihre Nachbarin im Sterben lag und man sich im Familienkreis darüber unterhielt, ob die Nachbarin wohl, wenn sie in den Himmel kommt, ihre eigene Mutter treffen würde, sagte die Kleine: *„Nein, nur ihren (bereits verstorbenen) Mann wird sie treffen. Ihre Mutter nicht. Die wird dann schon einen Himmel höher sein. Genau dann, wenn die Nachbarin in den Himmel kommt, geht die Mutter in den nächsten."* Und zu ihrer Mutter sagte sie im Anschluss: *„Wenn Du* *stirbst, werden wir uns auch nicht sehen. Du wirst immer einen Himmel höher sein als ich. Erst wenn ich wieder als Baby zur Welt komme, sehen wir uns vielleicht wieder."*

Was meinen Sie? Bloß Kindergeschwätz? Ich meine nein und behaupte, dass solche Äußerungen nur damit zu erklären sind, dass in den kleinen Körpern ein alter und sehr weiser Geist steckt – und oftmals eine Seele, die sich an ihr vorheriges Leben erinnern kann oder an die Zeit zwischen den Leben. Es gibt inzwischen mehrere Bücher über Kinder, die sich an ihr vorheriges Leben erinnern können und dann auch Details daraus berichten – eine mehr als spannende Thematik. Manche Kinder haben sogar Muttermale dort, wo sie im vorherigen Leben tödlich verletzt worden waren. Doch wer schenkt den Kindern in unserer hektischen Welt, in der viele Menschen mehr auf ihr Smartphone schauen als in die Augen des Gegenübers, noch die entsprechende Aufmerksamkeit?

Die Kirchen? Nur in absoluten Ausnahmenfällen, wie beispielsweise bei den Marienerscheinungen von Fatima oder Garabandal, als mehreren Kindern die Mutter Maria erschienen war, die ihnen Botschaften darüber übermittelte, was die Zukunft der Menschheit anging. Doch das sind absolute Ausnahmen, und sie sind auch nur deswegen weltweit bekannt geworden, weil die katholische Kirche sie akzeptiert und als „wahr" erklärt hat. Sollte ansonsten ein Kind etwas aus dieser anderen Welt wahrnehmen und den Eltern oder dem Umfeld davon berichten – zum Beispiel, was der kürzlich verstorbene Großvater berichtet –, dann wird das meist nicht bewusst wahrgenommen oder der „blühenden Fantasie" zugeschrieben. In vergangenen Jahrhunderten konnte es auch schon mal passieren, dass man dann „mit dem Teufel im Bunde" war, „Schwarze Magie" betrieb oder den „bösen Blick" hatte – oder man war, im Falle von weiblichen Personen, ganz einfach eine „Hexe". Das hat sich in der heutigen Zeit glücklicherweise geändert, und inzwischen gibt es unzählige Bücher und Seminare – meist im Bereich der Esoterik –, die uns diese Themen näherbringen. Ich selbst habe 2001 ein Buch über solche Kinder verfasst mit dem Titel „Die Kinder des neuen Jahrtausends", in dem ich etliche davon zu Wort kommen ließ. Für mich persönlich gibt es kaum etwas Spannenderes, als solchen Kinder zu lauschen, was sie an zum Teil „altem" Wissen in dieses Leben mitbringen oder eben jetzt durch die Kommunikation mit der „anderen Seite" erfahren.

Dies möge nun auch der Bogen sein, den wir zu Paulien spannen, deren Buch Sie jetzt in Händen halten und deren Begabungen ich als eine Mischung von all den medialen Varianten ansehe, die ich eben aufgezählt habe. Doch sie besitzt darüber hinaus noch eine weitere Fähigkeit, die mir bislang so noch nicht begegnet war – sie kann verstehen, was sie Tiere sagen!

Paulien lernte ich 2018 durch Jacqueline kennen, Pauliens beste Freundin, und es ist ein wahrlich außergewöhnliches Ereignis, welches die Verbindung von Jacqueline zu mir schuf. Jacqueline pflegte über Jahre hinweg ihren schwer erkrankten Mann und sah dann im Jahre 2008, eine Woche bevor ihr Mann ins Jenseits überging, den „Schwarzen Mann", den sog. Todesengel, bei sich im Haus auf der Treppe sitzen, die zum Schlafzimmer führte. Dies erzählte Jacqueline ihrer Freundin Sandra, die ihr wiederum von meinem Buch „Wer hat Angst vor'm Schwarzen Mann?" berichtete, in dem ich die Existenz dieses Wesens und dessen Wirken beschreibe und mit dem ich schließlich ein „gechanneltes" Interview führte. Jacqueline las dieses Buch und nahm schließlich Kontakt zu mir auf, um mir einerseits von ihrem Erlebnis zu berichten und andererseits noch mehr über diese Thematik zu erfahren. Bei einer von mehreren Begegnungen erzählte sie mir von der Holländerin Paulien, die mit ihrer medialen Arbeit an und mit Pferden nicht nur einen sehr großen Erfolg zu verzeichnen hat und bis in die namhaftesten Gestüte vorgedrungen ist, sondern zudem einen deutschen Verleger für ihr Buch sucht. So kam es schließlich im März 2018 auf dem Kongress der Zeitschrift „Die andere Realität" in Rottgau zu einem ersten Zusammentreffen mit dieser nicht nur äußerst sympathischen, sondern vor allem mit einem gesunden Humor ausgestatteten Frau. Sie ist die Natürlichkeit in Person, absolut ohne Allüren und ein Mensch, der direkt ausspricht, was er denkt.

Im Buch selbst erfahren wir gleich viel über ihre Arbeit, über ihren Umgang mit Pferden und ihre Erfolge. Doch für mich ist auch immer interessant, wie bei einem medialen Menschen die Kindheit verlief, wie die familiären Umstände waren und wie das Kind feststellte, dass es „anders" war. Um dies zu erfahren, befragte ich Paulien dazu im Dezember 2018 und ließ mir auch einige echt spannende Erlebnisse schildern, die ich Ihnen nicht vorenthalten möchte.

Paulien wurde 1957 in Utrecht als eines von vier Kindern eines sehr jungen Elternpaares geboren. Die Lebensumstände waren relativ normal. Sie wohnten in einem kleinen Haus, und Paulien war bereits als Kind auf Tiere fixiert. Der Vater war in der Baubranche tätig und war zudem einer der besten Ringkämpfer in Holland. So, wie die heutigen Kindern ihre Smartphones mit sich herumtragen, hatte Paulien immer irgendein Tier mit dabei – einen Hund, eine Katze oder ein Lämmchen –, das sie dann oft auch mit nachhause nahm – nicht immer zur Freude der Eltern. Den intensivsten Kontakt pflegte Paulien allerdings mit ihrem Großvater mütterlicherseits, der 58-jährig verstarb, als sie gerade 9 Jahre alt war. Der Großvater war Pauliens Bezugspunkt, Ansprechpartner und Vertrauensperson, vor allem, wenn es zuhause Knatsch gab. Mit seinem Tod brach für Paulien ihre kleine Welt zusammen, vor allem auch, da sie fast vier Jahre bei den Großeltern gewohnt hatte. Es war zu dieser Zeit, als Paulien zum ersten Mal bewusst „fremde Menschen" in Häusern wahrnahm – also Verstorbene, die an einen Ort gebunden waren, was ihr Großvater nur mit einem *„Ja, ist gut, mein Kind, ist in Ordnung."* kommentierte. Für ihn war das offenbar auch nichts Ungewöhnliches, eher etwas Normales. Sie sah Menschen, die durch Wände gingen, was für sie mit der Zeit dann auch zu etwas ganz Normalem wurde. Kurz nach dem Ableben des Großvaters trug es sich zu, dass Paulien von der Schule heimkam, mit den Geschwistern auf das Mittagessen wartete und plötzlich den Opa neben sich auf dem Sofa sitzen sah. Und sie sah ihn nicht nur, sie konnte ihn auch riechen – er hatte wie jeder Mensch einen bestimmten Eigengeruch an sich. Paulien freute sich und rief: *„Oh Opa, Du bist ja wieder da!"*, und wollte ihn anfassen, doch sie griff durch ihn hindurch. Jedenfalls war sie sehr glücklich, dass der Opa im Himmel war und nun wieder zu ihr zurückkam, und erzählte das auch ihrer Mutter, was allerdings weniger euphorisch aufgenommen wurde. Die Mutter weinte und entgegnete nur: *„Halt Deinen Mund. Wieso sagst Du das, da ist überhaupt niemand..."* Für das kleine Mädchen war das damals doch sehr einschneidend, und Paulien entschied sich, in Zukunft nichts mehr in dieser Richtung zu sagen, weil es ihre Mutter entweder zornig oder traurig machte. Auf meine Frage, ob der Großvater etwas zu ihr sagte, meinte sie, dass er nichts äußerte, aber immer da sei, wenn sie ihn brauchte – auch nach 50 Jahren noch. Die verstorbenen Verwandten sind demnach immer da.

Paulien berichtete mir dann, dass ihre Mutter ihrem Mann, als dieser von der Arbeit nachhause kam, von Pauliens Erlebnis mit dem Großvater auf dem Sofa berichtete und sagte: *„Die Kleine hat das Gleiche wie Deine Mutter!"*, woraufhin ihr Vater sie mit zu seiner Mutter mitnahm, die zwar offenbar über die selben Fähigkeiten verfügte, allerdings anstatt Verständnis zu zeigen, zu Paulien sagte, dass sie ins Irrenhaus käme, wenn sie nochmals darüber spreche. Erst viele Jahre später fand Paulien heraus, dass ihre Großmutter zur Zeit der Besatzung durch die Deutschen während des Zweiten Weltkriegs als Medium gearbeitet hatte, sprich sie hatte gegen Bezahlung in Form von Essen den Deutschen ihre spirituellen Dienste angeboten. Meist wollten die Soldaten auch mit ihren verstorbenen Verwandten sprechen. Auf diese Weise konnte Pauliens Oma den eigenen Kindern immer etwas zu essen mitbringen. Andererseits wollte sie aufgrund dieser Erlebnisse nicht mehr, dass man darüber sprach – auch wenn andere Familienmitglieder solche Fähigkeiten haben sollten. Es war also nicht böse gemeint, sondern eher als Vorsichtsmaßnahme gedacht. Allerdings war das für Paulien zu diesem Zeitpunkt ihres Lebens nicht wirklich förderlich…

Jahre später änderte sich dann das Verhalten der Oma Paulien gegenüber, denn Pauliens Onkel Corrie, der Bruder ihres Vaters, war mit 27 Jahren verstorben, und Paulien konnte ihn sehen. Allerdings hatte sie das der Oma gegenüber nie erwähnt, da sie Paulien ja verboten hatte, darüber zu sprechen. Dazu gibt es folgende spannende Episode: Es war ein großes, dreitägiges Fest angekündigt zum 40. Hochzeitstag (Rubinhochzeit), und die gesamte Verwandtschaft war dazu eingeladen. Nun gab es aber ein Problem, denn die Großmutter fand ein bestimmtes Bild von Corrie nicht mehr, weswegen das Fest nun nicht mehr stattfinden sollte – wenn Corrie nicht mit dabei war, konnte es nicht stattfinden…

Dann rief Pauliens Mutter sie an und erzählte vom Kummer der Großmutter und ihrer Trauer über das nicht mehr auffindbare Bild, woraufhin Paulien der Mutter beschrieb, dass das Bild bei den Fotos der Enkel sei. Es sei aus Versehen dazwischengerutscht. Auf die Frage der Mutter, woher Paulien das wisse, meinte sie: *„von Corrie"*. Und tatsächlich fand sich das Bild dort wieder, was das Verhältnis der Oma zu Paulien komplett veränderte – 20 Jahre später. Nun sprach sie endlich über ihre spirituelle Begabung und ihre Erlebnisse und Kenntnisse darüber.

Ich bat Paulien, mir ein paar Episoden aus ihrer Kindheit, aber auch aus ihrem späteren Leben zu berichten, um es mir sowie den Lesern dieses Buches nachvollziehbarer zu machen, was ihr alles an Erstaunlichem widerfahren ist.

- Mit 13 Jahren hatte sie eine gute Freundin, deren Familie ein Wohnmobil besaß. Wenn sie damit in den Urlaub fuhren, hatten sie auch ein Speedboot auf dem Anhänger mit dabei, mit dem sie auf dem Meer Wasserski fuhren und diverse Wassersportgeräte anhängen und hinter sich herziehen konnten – die meisten kennen heute die Wasserbananen, auf denen mehrere Personen sitzen können, die dann in den Kurven ins Wasser geschleudert werden. An einem Wochenende war Paulien mit dabei. Sie war eine gute Schwimmerin und saß auch mit auf dem Luftkissen, welches das Boot hinter sich herzog. In einer starken Kurve flog Paulien vom Luftkissen und verhedderte sich in dem Seil, welches das Luftkissen zog. Dieses zog sich fest um ihren Hals, und es wurde ihr schwarz vor Augen. In diesem Zustand hatte Paulien eine Vision: Sie sah, dass der Bruder ihrer Freundin bei einem Autounfall sterben würde. Später erwachte Paulien im Krankenhaus mit einem geschwollenen Nacken und

- Als Paulien achtzehn Jahre alt war, fiel sie vom Pferd und brach sich das Steißbein. Als sie in den Krankenwagen befördert wurde, sah sie den Sanitäter und wusste sofort, dass dieser an einem Herzinfarkt sterben würde. Und bereits kurz nachdem sie im Krankenhaus angekommen waren – zirka eine halbe Stunde später –, hatte er auch schon den Herzinfarkt, in dessen Folge er dann auch starb.

- Es gibt auch ein paar Geschichten aus der Gegenwart. Einmal kam Paulien in Petras Stall – Petra ist die gemeinsame Freundin von Jacqueline und Paulien – und hörte eine Stimme, die rief: *„Hallo, hallo, komm mal zu mir!"* Die Stimme kam aber nicht aus einer der Pferdeboxen, sondern Paulien musste um das Gebäude herum gehen, wo sie eine kleine, schwarze Stute vorfand, die meinte: *„Du, es geht mir nicht so gut. Du musst mir noch einmal helfen."* Paulien konnte sich nicht daran erinnern, dem Pferd schon einmal begegnet zu sein, geschweige denn ihm geholfen zu haben. Auf Nachfrage bei Petra erfuhr sie den Namen des Pferdes: Luna. Paulien erinnerte sich: Luna hatte damals ein Fohlen verloren. Nun erklärte Luna, dass sie nicht traurig sei, denn sie wusste, dass es dem Fohlen gut gehe, es im Himmel und später sogar feinstofflich bei ihr im Stall präsent gewesen war. Luna erklärte Paulien dann, dass sie (Menschen)-Kinder liebt und es mag, geschmückt zu werden. Allerdings betonte Luna, dass sie kein Fohlen mehr haben möchte, sie sei zwar noch jung, aber sie möchte das nicht.

Petra Sporer, Jan van Helsing, Paulien und Jacqueline beim Kongress der spirituellen Zeitschrift „Die andere Realität" in Rodgau, Mai 2018

- Eine andere faszinierende Geschichte ist folgende: Paulien war mit ihrem Mann von Utrecht in ein Dorf gezogen, und sie mussten ein neues Bankkonto eröffnen, weswegen Paulien eine Bank aufsuchte.
  Als sie in der Halle der Bank stand, sah sie sich drei Bankangestellten gegenüber, zwei Damen links und rechts und ein Herr in der Mitte dahinter. Paulien entschied sich für die Dame rechts von ihr, die sie auch gleich freundlich bediente

– Inneke war ihr Name. Paulien benötigte neben der Kontoeröffnung auch eine EC-Karte für sich und Jim, ihren Mann, weswegen verschiedene Formulare ausgefüllt werden mussten. Als die Dame den Computer bedienen wollte, um all dies zu bearbeiten, stürzte dieser ab. Dann ging sie zum Computer des Kollegen, Paulien kam mit hinzu – dasselbe. Dasselbe geschah mit dem Computer der Kollegin und einem im Nebenraum. Und dann sah Paulien eine ältere Dame, die bei Inneke stand und dachte sich: *„Ne, nicht schon wieder…"* Die verstorbene Frau sagte nichts, Paulien sah sie nur neben Inneke stehen. Diese bat nun Paulien, am nächsten Tag wiederzukommen, da aufgrund der nicht funktionstüchtigen Computer gerade nichts zu machen sei, was Paulien akzeptierte. Sie kam dann am nächsten Tag wieder. Als Paulien wieder bei Inneke vorsprach, meinte diese gut gelaunt, dass alles wieder funktionierte, als Paulien die Bank verlassen hatte. Nun, Sie können sich sicherlich schon vorstellen, was geschah. Die Ereignisse des Vortages wiederholten sich – an allen Computern. Und wieder stand die Oma da. Inneke verstand das alles nicht und fragte Paulien, wie es denn möglich sei, dass die Computer immer verrückt spielen würden, sobald sie die Bank betrat. Inneke ging mit Paulien dann in einen anderen, separaten Raum, und Paulien fragte nun die alte Frau, wer sie denn sei. *„Oma Anniche"*, sagte diese – ein für Holland ungewöhnlicher Name –, und schlagartig kühlte die Raumtemperatur ab. Das bemerkte auch Inneke. Oma Anniche erklärte nun Paulien Folgendes: *„Du musst meiner Enkelin sagen, dass ich hier bin, um nächste Woche ihre Mutter abzuholen."* *„Na bravo"*, dachte sich Paulien, *„wie soll ich ihr das denn sagen?"* Inzwischen war Inneke aufgefallen, dass Paulien etwas abwesend war und fragte sie, ob alles in Ordnung sei. Paulien bekam dann von der Oma die Aufforderung, Inneke auf ihren Ring anzusprechen und zu sagen, dass dieser 25 Euro gekostet und sie ihn in Amsterdam auf dem Königsmarkt erstanden habe, was Inneke etwas überrascht bejahte. Auf die Frage, woher Paulien das wisse, erklärte sie ihr: *„Von Oma Anniche – die steht neben Dir!"* Inneke war nicht schockiert, im Gegenteil, sie nahm es sehr positiv auf und meinte, dass die liebe Oma doch so viele Katzen hatte usw. Paulien bat dann die Oma, doch die Computer wieder funktionieren zu lassen, da sie ja dringend die EC-Karten benötigte, was die Oma dann auch regelte. Kurz darauf verschwand sie. Paulien war jedoch nicht fähig, Inneke die volle Wahrheit zu sagen und gab ihr dann ihre Telefonnummer mit dem Ratschlag, falls etwas sein sollte, sie Paulien gerne anrufen dürfe. Interessanterweise dauerte es dann nicht zwei oder drei Tage, wie üblich, bis die EC-Karten vorlagen, sondern bereits am nächsten Tag bekam sie die Karten zugestellt. Doch auf Pauliens Karte stand nicht ihr Name, sondern Anniche – die Karte hat sie übrigens heute noch! Paulien ging also wieder zur Bank, und Inneke meinte dann, dass Paulien schon eine sonderbare Frau sei, was Paulien zum Anlass nahm, Inneke zu erklären, dass sie ein Medium sei usw. Bereits wenige Tage später rief Inneke bei Paulien an und berichtete unter Tränen vom Tod ihrer Mutter, und nun erzählte Paulien ihr, was die Oma alles erzählt hatte. Paulien blieb dann auch mehrere Tage bei Inneke und half ihr zudem bei der Beerdigung.

- Als Paulien damals beim zweiten Mal die Bank verließ, lief sie danach über den Markt, um noch etwas einzukaufen, und sah beim Hundefutterstand ein verstorbenes Pferd stehen, einen Fuchs. Dieses ziemlich große Pferd sagte zu Paulien: *„Komm zu mir, ich bin Gideon."* Dann kam die Verkäuferin und fragte Paulien, ob sie Hundefutter kaufen wolle. Diese verneinte und erklärte der Dame im Anschluss, dass hier ein verstorbenes Pferd mit dem Namen Gideon stehen würde. Die Verkäuferin begann zu weinen und erklärte, dass Gideon eine Woche zuvor verstorben sei. Sie bat dann um Pauliens Telefonnummer und meinte, dass sie noch einige Fragen dazu habe...

Es waren Erlebnisse wie diese, die Paulien schließlich dazu brachten, mit Tieren zu arbeiten und deren Botschaften an die Besitzer zu übermitteln. Allerdings gab es noch ein weiteres, wirklich einschneidendes Erlebnis: Pauliens Freundin war schwanger und bat sie, bei der Geburt mit dabei zu sein. Als Paulien dann das Baby direkt nach der Geburt in Händen hielt, sah sie, dass der Bub im Alter von sieben Jahren sterben würde – was dann tatsächlich auch eintraf. Es war dieses Erlebnis, das sie derart mitnahm, dass sie sich dazu entschied, nur noch mit Tieren zu arbeiten. (Dieses Erlebnis ist auch später im Buch nochmals ausführlicher aufgeführt.)

Es gäbe noch viele weitere, kürzere und längere Episoden aus Pauliens spiritueller Erfahrungswelt zu berichten, doch der Schwerpunkt des vorliegenden Buches sind die Pferde. Paulien wird uns nun Erstaunliches erzählen, und ich wünsche Ihnen spannende Lesestunden mit einer einfühlsamen, feinfühligen und zugleich charismatischen Frau.

Ihr *Jan van Helsing*

Paulien

Wie alles begann

Schon von klein auf bin ich paranormal begabt. Das ist sehr schön, aber manchmal auch sehr schwer. Man ist sensibel für sehr vieles, vor allem, wenn man jung ist. Man sieht oder hört Dinge, von denen man denkt, dass sie normal sind, die aber für jemand anderen ganz und gar nicht normal sind. Denn wer sitzt schon zu Hause auf dem Sofa und unterhält sich mit seinem verstorbenen Großvater? Ich fühlte mich immer wie eine Einzelgängerin und suchte meine Liebe bei den Tieren und habe, gegen den Willen meiner Mutter, eine ganze Menge Tiere zu Hause angeschleppt. Ich sprach mit Hunden, Katzen, Kaninchen und dachte, es sei normal und dass jeder sie hören konnte.

Eines Tages radelte ich an einer Weide mit Pferden vorbei. Da musste ich hin. Die waren schön! Meiner Mutter sagte ich, dass schulfrei war, was aber nicht stimmte, denn ich fand keinen Gefallen an der Schule, war immer abgelenkt, sah ständig irgendwelche Bilder vor meinem geistigen Auge und wollte viel lieber nach draußen. Im Gegensatz zu den Menschen hatten mir die Pferde viel zu erzählen und ich fand das sehr interessant. Auf der Weide stand ein liebes, gescheckstes Pferd, das mir sagte, dass es Schmerzen in seinem Rücken hatte. *„Soll ich Dir helfen?"*, fragte ich. Es sagte: *„Ja, gerne."* Ich stapfte auf die Weide und legte meine Hände auf seinen Rücken, wobei ich feststellte, dass meine Hände ganz heiß wurden. Das war neu für mich und anschließend bekam ich Schmerzen in *meinem* Rücken. Ich verstand nicht warum, aber das Pferd sagte: *„Toll, der Rücken fühlt sich schon viel besser an. Vielen Dank."* Noch Stunden habe ich dort gesessen – mit Rückenschmerzen –, und so begann ich, Pferden zu helfen.

Ich lernte, Pferde zu reiten, doch ich wollte vor allem lernen, sie zu begreifen – was sie dachten, was sie sagten, wo sie

Talitha, Pauliens Tochter, mit Polly 1988

Schmerzen hatten. Stunden, Tage verbrachte ich bei ihnen, das war mein Leben. Vor allem wollte ich Tierärztin werden und Pferden helfen – mit dem einzigen Problem: Dafür musste man sehr lange zur Schule, und das war wirklich nichts für mich.

Mein Leben ging weiter. Ich heiratete jung und bekam zwei gesunde Kinder, doch durch den Tumult, der mit einer Familie so einhergeht, gab es immer weniger Zeit für die Pferde, die ich sehr vermisste. Gott sei Dank wollte meine Tochter gerne reiten lernen. Das freute mich sehr und ich hoffte, dass es ihr gefallen würde, und das war auch so. Schon schnell hatte sie ihr erstes Pony, ein achtzehn Jahre altes Waliser Pony, und nicht gefährlich für mein kleines Mädchen. Sie gewann beim Springreiten eine Menge Pokale zusammen mit Polly und hatte dabei viel Spaß, was das Wichtigste war. Nach ein paar Jahren wurde Polly krank. Sie war bereits so alt, dass sie eines Tages an einem Sonntag plötzlich zusammenbrach. Der Tierarzt sagte, dass sie eingeschläfert werden müsse – wie machtlos man sich dann fühlt – und es musste eine Entscheidung getroffen werden. In diesem Moment hatte ich eine Vision: Ich sah Polly mit einem weißen Pony irgendwo draußen auf einer Weide stehen – und sie war gesund.

In unserem Stall gab es einen Mann, der einen Streichelzoo leitete. Dieser schlug vor, Polly dorthin zu bringen, schön draußen mit einem begehbaren Stall. Es gab dort noch ein anderes Pony und permanente Bewachung, was sehr beruhigend war. Im Interesse von Polly nahmen wir dieses Angebot gerne an und sie ist dann dort sehr lange sehr glücklich gewesen, zusammen mit dem süßen Schimmel, den ich in der Vision gesehen hatte. Polly hatte zudem keinerlei Schwierigkeiten mehr. An meinem Geburtstag ist Polly dann im Schlaf gestorben und ist ganze 35 Jahre alt geworden! Wir haben ein paar Tränchen geweint, aber es war gut so.

Unser erstes Pony – liebe, liebe Polly.

Alte Seelen

Ich glaube an vorherige Leben und will das gerne auf meine Art erklären. Ein Freund von mir hatte eine Todesangst vor Wasser. Selbst wenn das Wetter noch so warm war, war es unmöglich, ihn dazu zu bringen, im Schwimmbad oder am Meer ins Wasser zu gehen! Wasser fand er schrecklich, so sportlich er auch war. Vor ein paar Jahren waren wir mit vielen Freunden gemeinsam im Schwimmbad. Er lag genüsslich in der Sonne, als ein paar Freunde ihn packten und aus Spaß ins Wasser warfen – es war nicht tief, man konnte dort einfach stehen. Wir sollten darüber lachen, aber der Junge hatte buchstäblich Todesangst in seinen Augen. Er war in Panik und schlug wild um sich, während er normalerweise die Ruhe selbst war, und wir erschraken alle sehr.

Später, bei ihm zu Hause, sprach ich mit ihm darüber. Es war seltsam für mich, denn er ist groß und blond, aber ich sah ihn als einen kleinen, schwarzhaarigen Jungen in Italien: Er zappelte in einem großen See, sein Kopf ging unter und er kam nie mehr nach oben. In diesem Moment wurde mir bewusst, dass dies sein früheres Leben sein könnte. Er wusste es nicht, aber es wäre eine Möglichkeit, seine Angst zu erklären. In seinem aktuellen Leben war nie etwas Schlimmes passiert, was seine Angst vor Wasser hätte erklären können, und auch in seiner Familie oder im Freundeskreis gab es diesbezüglich nichts Traumatisches. Er erzählte mir, dass er auch oft träumte, dass er ertrank und es waren Albträume, die immer wieder zurückkehrten.

In diesem Leben macht man manchmal so vieles mit. Es gibt Menschen, die gerne mehr über ihre früheren Leben wissen wollen und viele lassen sich von einem Regressionstherapeuten hypnotisieren, doch mit so etwas sollte man gut aufpassen. Willst Du all das Elend von einem früheren Leben erneut erleben? So etwas mag interessant sein, doch wenn man nichts davon weiß und auch nicht irgendwelchen Ärger hat, sollte man es besser lassen, denn man wird durch die Kenntnis davon nicht unbedingt glücklicher. Doch in seinem Fall musste auf jeden Fall etwas geschehen, um die Angst und die schlaflosen Nächte loszuwerden, denn sie beherrschten sein Leben. Ich gab ihm die Adresse eines guten Regressionstherapeuten, bei dem ich auch schon gewesen war. Ich bekam damals Bestätigungen über Leben, die ich schon hinter mir hatte, und dadurch konnte ich vieles besser verstehen. Unser Freund ist da ein paarmal hingegangen und war tatsächlich in einem früheren Leben als kleiner Junge ertrunken. Nun konnte er endlich begreifen, woher diese Angst kam und schon nach ein paar Behandlungen war er einen Großteil davon los. Es hat zwar noch eine Weile gedauert, aber er traut sich jetzt zu schwimmen und inzwischen mag er es auch, am Meer zu liegen. Seine Albträume sind Vergangenheit – endlich losgelassen, dank eines guten Therapeuten.

Wenn Du selbst große Angst vor irgendetwas hast, Dir aber nicht erklären kannst wieso, dann finde einen guten Regressionstherapeuten. Blättert man in einer esoterischen Zeitschrift, gibt es reichlich Angebote in dieser Richtung, doch meine ich, dass man hier sehr sorgsam vorgehen sollte, da man sich ja doch mit einem sehr persönlichen und zugleich sehr tiefgreifenden Thema auseinandersetzt. Nicht jeder, der eine reinkarnationstherapeutische Ausbildung absolviert hat, ist deswegen auch ein guter Begleiter auf dem Weg in vergangene Leben. Hier gilt es, mit Achtsamkeit zu wählen. Vielleicht hat ja jemand im Bekanntenkreis bereits Erfahrung und kann eine Empfehlung aussprechen.

Mein eigenes vorheriges Leben

Als ich elf Jahre alt war, suchte ich mir einen Wochenendjob und behauptete einfach, dass ich schon dreizehn war. Ich konnte gut reden, kam aus einer Familie aus dem Hotel- und Gaststättengewerbe und mochte den Umgang mit Menschen. In einem Lampengeschäft in Utrecht fand ich einen Job und der Chef war auch zufrieden mit mir, weil ich eine Menge luxuriöse Beleuchtung verkaufte. An einem ganzen Samstag verdiente ich elf Gulden. Eine Stunde Ponyreiten kostete sechs Gulden, fünfzig Cent gab ich für Süßigkeiten aus und von den viereinhalb Gulden, die ich übrig hatte, kaufte ich Blumensträuße für meine Mutter. Auf diese Weise hatte sie die ganze Woche frische Blumen im Haus stehen.

An meine erste Reitstunde erinnere ich mich noch gut. Ich war aufgeregt und glücklich, denn ich ritt nicht auf einem Pony, sondern auf einem sehr großen Pferd. Ich war sehr stolz, dass ich auf das große durfte, und es ging sehr gut. Dabei fiel mir auf, dass ich mit dem Pferd englisch sprach – in meinem Kopf, aber auch laut. Wie konnte das sein? In der Schule hatte ich zu jener noch gar kein Englisch. Das wiederholte sich Woche um Woche, ich sprach immer Englisch, wenn ich auf einem Pferd oder Pony saß. Generell tat ich sehr wenig für die Schule, aber als wir dann später Englischunterricht hatten, mochte ich es. Es fiel mir leicht und ich bekam eine gute Note nach der anderen.

Ich war schon immer fasziniert von Schottland – die Ritterzeit, der Adel, die Schlösser und ich träumte auch davon. Anfangs waren es nur einzelne Bilder. Ich sah einen schwarzen Hengst und konnte mühelos den Hügel aufzeichnen, auf dem er stand. Später sah ich dann auch einen Mann, immer schwarz gekleidet – ein harter Mann, gekleidet wie ein reicher „Pferdemensch", also jemand, der ein großes Pferdeverständnis hat. Mit den Jahren tauchten in meinen Träumen immer mehr Bilder von Schottland auf. Eigentlich wusste ich schon als Kind, dass ich dort gelebt hatte, und Jahre später fügten sich alle Puzzlestücke zusammen: Ich war die Tochter eines Edelmannes. Seine Frau – meine Mutter – war kurz nach meiner Geburt gestorben, wodurch er sehr hart geworden war, doch er vergötterte mich. Ich selbst war furchtbar verwöhnt und hatte keinerlei Gewissen. Ich sah mich selbst als die wichtigste und schönste Person im Leben und ging buchstäblich über Leichen. Ich ärgerte meine Dienstmädchen, entließ jeden, der mich falsch anguckte, und lachte über ihren Kummer. Die teuersten Pferde musste ich haben und ich hatte sie geschunden und auch gequält, wobei sich eines auch ein Bein wegen mir brach. *„Macht nichts, der liebe Papa kaufte bestimmt wieder ein neues für seine geliebte Tochter."* Er sah, dass ich es einmalig fand, mit dem Jagdgewehr Tiere abzuschießen, selbst Jagdhunde, und die Fuchsjagd fand ich ebenfalls ganz toll.

Albträume hatte ich davon, denn das konnte doch nicht ich sein, da ich Tiere und Menschen doch so sehr liebe? Dann kam der schlimmste Traum: Es war Sommer und unsere Pferde weideten auf den großen, grünen Hügeln. Ich war schwer beleidigt, weil der neue, schwarze Hengst nicht innerhalb von fünf Minuten für mich bereitstand. Unser Stallknecht hatte Angst vor ihm, also gab ich ihm ein paar Schläge mit seiner Peitsche und entließ ihn. Ich würde dem Burschen schon zeigen, was man mit so einem Pferd machen musste. Ich rannte zu den Hügeln, wo der große, schwarze Hengst stand. In der Ferne hörte ich meinen Vater schreien, dass ich zurückkommen müsse, doch natürlich habe ich nicht auf ihn gehört. Bewaffnet mit einer Peitsche, lief ich auf den

Hengst zu und seinen Blick vergesse ich nie. Er war sehr stolz, und ein Schlag war genug. Er brach mir das Genick und ich war tot – achtzehn Jahre! Dann hörten die Träume über Schottland auf.

Schon mein ganzes Leben lang will ich dorthin. Ich hatte es sogar schon einige Male geplant, doch dann wurde ich plötzlich krank, oder es passierte zu Hause etwas, wodurch ich es wieder absagen musste. Heute weiß ich, dass die Zeit dafür einfach noch nicht reif ist. Es kommt, wie es kommen muss, und ich weiß, dass ich dann das große Haus aus meinem früheren Leben auch finden werde. Die Zukunft wird es zeigen.

Ich bin bei einem guten Regressionstherapeuten gewesen und für mich ist die Geschichte nun komplett. In Schottland erniedrigte ich die Menschen, ich war ein fürchterlicher Tierquäler und wurde von einem schwarzen Hengst getötet. Gott hat mich zurückgeschickt, um es in diesem Leben wieder gut zu machen. Inzwischen habe ich sehr vielen Menschen geholfen, Pferden, Hunden, Katzen und ich will allen Lebewesen helfen, denn das macht mich glücklich, es erfüllt mich.

Die einzige Angst, die ich nicht loswerde und die immer wieder zurückkommt, ist, wenn ich auf die Weide gehe, um mein Pferd zu holen, und dann ein fremdes Pferd auf der Weide steht. Es kann sein, dass da in diesem Jahr ein großes, schwarzes Pferd vor dem Eingang steht und ich mich nicht zu ihm hin traue. Ich bekomme Angst, bekomme Schweißausbrüche und dann muss ich jemanden bitten, mein Pferd zu holen. Das klingt lächerlich, denn ich habe manchmal mit Pferden zu tun, die aufgrund ihres Verhaltens wirklich gefährlich sind, doch das ist ganz klar noch ein Überbleibsel aus meinem früheren Leben. Ich finde mich erst einmal damit ab und akzeptiere es.

Die Prärie, Land der Indianer

1973 lernte ich die Liebe meines Lebens kennen. Jim kam aus einer großen Schamanen-Familie mit indonesischer und indianischer Abstammung, die seit den 1950er-Jahren in Utrecht lebte. Der erste Satz, den ich meinen zukünftigen Schwiegervater sagen hörte, war: *„So, Junge, dies wird Deine Frau, und es kommt keine andere mehr."* Ich hatte meinen Seelenpartner gefunden und es wurden im Familienkreise die prächtigsten Geschichten aus Indonesien erzählt. Zuhause, bei meiner eigenen Familie, konnte ich nicht über Spirituelles sprechen, doch in dieser Familie war das normal und es gehörte zu ihrer Kultur. Mein lieber Schwiegervater fragte mich immer, was ich gesehen hatte und beriet und unterstützte mich. Ich war und fühlte mich nicht mehr allein in der Welt des Paranormalen – was für eine Befreiung!

Bald bekam ich wieder Träume, doch jetzt über Indianer und die prächtige Natur, aber auch über schlimme Ängste. Oft wurde ich traurig wach. Ich konnte damit nichts anfangen und versuchte, es zu verdrängen, doch die Träume wurden immer länger und intensiver. Ich wohnte bei den Apachen, doch ich hatte eine weißte Hautfarbe. Ich sprach mit Pa (meinem Schwiegervater) darüber und dieser erklärte: *„Träume Deine Träume und mach was daraus. Du bist nicht umsonst mit meinem jüngsten Sohn zusammen. Einen echten Indianer kann man nicht zähmen. Du bist die einzige Frau, die ihm gewachsen ist und vor der er Respekt hat. Vertraue auf Gott, dann wird alles gut."* Das musste genügen. Die Jahre gingen vorüber, wir heirateten und bekamen zwei wundervolle Kinder.

Mit der Zeit wusste ich durch all meine Träume, dass eine meiner früheren Inkarnationen ein Leben bei den Indianern gewesen war, und inzwischen fand ich es normal, wenn ein Indianer aus der geistigen Welt auftauchte. Ich war eine junge, weiße, amerikanische Frau gewesen, mitgenommen von den Apachen. Meine Familie war von ihnen ausgerottet worden, Gott, wie hasste ich die Apachen dafür. Doch später begann ich sie sehr zu lieben, in demselben Leben – vor allem ihre prachtvolle Kultur und den Respekt vor Mutter Erde. Die Zeit, zu der ich damals dort lebte, war, als die weißen Siedler den Wilden Westen übernahmen und den Indianern alles abnahmen: das Land, die schöne Prärie, die Nahrung, die Bisons, und schließlich waren sie daran, die Indianer auszurotten.

Doch diese wehrten sich. Wurde einer ihrer Brüder getötet, dann töteten sie zwei Weiße, und so bin ich bei ihnen gelandet. Ich war ein junges Mädchen, meine Familie wurde ausgerottet, und sie nahmen mich mit. In meinen Träumen sah ich, wie mein Haar geflochten wurde und dass man mir ein Bärenfell umlegte, um mich warm zu halten. Ich sah die Blumen und Kräuter, die der Medizinmann bei Ritualen benutzte. Ich hörte die fremde Sprache, die sehr schwierig war, aber zugleich auch sehr schön. Ich sah, wie die Pferde vor der Jagd bemalt wurden und weiß jetzt, dass die besten Reiter die Indianer sind. Niemand auf der Welt konnte so reiten wie sie. Sie brauchten weder Sattel noch Trense, ein Seil war genug. Diese Träume gingen allmählich weg, doch die Erinnerungen blieben.

Eines Tages waren mein Mann und ich bei seinen Eltern. Sein Vater sah ihn an und sagte: *„Junge, Ihr habt einen sehr schweren Weg vor Euch. Das sah ich in einer Vision. Vertraue auf Gott, mein Sohn. Wähle den guten Pfad, wie schwer Dein Weg auch wird. Sieh es als etwas Positives, siehe das Gute darin und lerne davon, aber wähle selbst Deinen Weg."* Er nahm die Hand meines Mannes und sagte: *„Wacko Pesnia."* *„Was bedeutet das, Pa?"*, fragte mein Mann. *„Das musst Du selbst herausfinden, mein Junge. Ich bete dafür, dass Du den guten Weg wählst."* Pa nahm sich daraufhin seine Zeitung und begann darin zu lesen, und ich saß mucksmäuschenstill da. *„Wacko Pesnia."* – ich wusste, was das bedeutete: *„Habe keine Angst!"* in der Indianersprache der Lakota. Ich fragte: *„Pa, bist Du in einem früheren Leben Indianer gewesen?"* *„Ja"*, sagte er, *„von den Lakota. Als ich älter war, bin ich Schamane geworden, und mit Gottes Hilfe kann ich weit sehen und Menschen helfen, die bösen Geister aus ihren Häusern ins Licht zu schicken."*
Der Ausdruck in seinen Augen war sehr kraftvoll. Es fühlte sich an, als ob ich nicht mit Pa, sondern mit einem großen Indianer sprach. *„Aber Du darfst nicht darüber reden. Mein Sohn muss mir nachfolgen. Du darfst ihn nur begleiten. Wenn Du einen Rat brauchst, kommst Du zu mir, aber er muss alles selbst entdecken. Seit dem ersten Tag, an dem ich Dich sah, wusste ich, dass Du zu meinem Sohn gehörst. Zusammen seid Ihr stark, aber bleibt auf dem Pfad von unserem großen Geist – Gott!"* Ich fühlte, dass es schwer werden würde, doch ich hatte ja Pa.

Wir erlebten viele Rückschläge, denn mein Mann wurde furchtbar depressiv aufgrund eines schweren Arbeitsunfalls. Der Indianer steckte in ihm – aber wie kam er heraus? Ich ging zu Pa, denn ich wusste mir keinen Rat mehr. Pa sagte: *„Mein Sohn hat zwei Stammbäume: den indonesischen und den der Lakota. Du kennst die Lösung. Sorge dafür, dass er in den Wald kommt, das weckt den Indianer in ihm."* Und abends hatte ich schon die Lösung: einen Hund – denn mit einem Hund muss man nach draußen. Ich schlug vor, dass wir uns einen Hund anschaffen sollten, einen lieben aus dem Tierheim. Zum ersten Mal sah ich wieder ein Glänzen in Jims Augen. *„Ja"*, sagte er, *„morgen gehen wir zum Tierheim."* Wir klapperten alle Tierheime der Umgebung ab, aber da war keiner, der zu uns passte und beschlossen daher, einen Welpen zu kaufen. Hauptsache, es wird kein Rottweiler, vor denen habe ich eine Todesangst. Mein Mann machte sich auf den Weg und kam zurück mit – jawohl – einem dicken, kleinen, schwarzen Welpen, einem Rottweiler!

Ich flüchtete nach draußen, wie konnte er mir das nur antun? Er wusste, dass ich vor solchen Hunden schreckliche Angst hatte. Ein breites Grinsen hatte er auf dem Gesicht, durch und durch stolz. *„Lauf mal zum Frauchen, Jimmy."* Jimmy lief mit seinem kleinen, dicken Hintern in meine Richtung. Ich hockte mich hin und er sah schon niedlich aus, ein dicker Klops mit viel zu großen Pfoten. *„Was für ein Lieber."*, dachte ich jetzt. *„Wenn ich mit einem Hengst zurechtkomme, dann kann ich diesen wohl auch meistern."*, und unser Jimbo, das war sein Spitzname, wurde unser bester Freund – ein Bär von einem Hund. Er war beschützend und lieb. Er saß in einer Bomberjacke unseres Sohnes zwischen unseren Freunden und jeder war verrückt nach diesem Hund. Aber er hatte ein Herrchen und das war mein Mann. Die zwei waren unzertrennlich. Jimbo wuchs im Wald auf und half seinem Herrchen durch die schwere Zeit – und mein Indianer war tatsächlich wieder wie neu geboren. Er wählte nun den guten Weg und wollte mir und anderen Menschen gerne helfen, wodurch ich mich wieder auf die Pferde konzentrieren und mich weiterentwickeln konnte.

Mein neues „Indianerleben" ist fantastisch, denn ich habe meinen Liebling, meinen Seelenpartner, meinen Indianer wieder. Er hat sich zu einem Schamanen entwickelt – eine wundervolle, aber auch sehr schwere Gabe. Zusammen reden wir mit unseren Geistführern, denn mein Mann kann ihre Sprache sprechen, ich hingegen noch immer nicht, nur einzelne Wörter. Doch ich bekomme Hilfe von einem feinstofflichen Führer, wodurch ich manchmal die alte Seele eines Pferdes sehen kann – manchmal ist auch ein Indianerpferd mit dabei. Die sind sehr weise und haben die Kampflust aus ihrem alten Leben. Mein Mann geht oft mit mir mit und hilft dann den Menschen, was er von seinem Vater gelernt hat. Er ist jetzt sehr viel glücklicher als früher und ist auch dankbar für die schwierige Zeit in seinem Leben, denn jetzt fühlt er sich wie ein gesegneter Mensch.

Meine Schwiegermutter verstarb am 10. Dezember 1998. Wir dachten alle, dass Pa eine Woche später auch gehen würde, denn er betete sie an – sie waren mehr als fünfzig Jahre verheiratet. Doch dem war nicht so, er hatte seinen Glauben, und er hat meinem Mann noch sehr viel beigebracht. Gott sei Dank durften wir seine Gesellschaft noch lange genießen, seine Weisheit und seine Kraft. Doch im gesegneten Alter von fast neunzig Jahren beschloss Pa, dass es Zeit war, zu seiner geliebten Frau zu gehen – er war hier fertig. Wie ein echter Schamane wählte er seinen eigenen Tag, und am 10. Dezember 2007 ist er friedlich eingeschlafen. Wunderschön!

„Wacko Pesnia – habe keine Angst!" Nein, Pa, versprochen, wir haben niemals Angst, denn wir vertrauen auf Gott.

Meine Arbeitsweise

Mit den Jahren habe ich viel Erfahrung gesammelt und gelernt, mit meinen Fähigkeiten sinnvoll umzugehen, sodass ich in der Lage war, zu helfen, ohne mir selbst unnötig zu schaden. Heute behandele ich Pferde weltweit und das nun bereits seit 30 Jahren. Man ruft mich, wenn Pferde krank sind oder störrisch, wenn sie aggressiv sind oder nicht mehr fressen – es ist alles dabei. Im Auto, während meine Musik läuft, bereite ich mich bereits auf den Termin vor. Zum Beispiel fühle ich manchmal einen Stich in meiner linken Schulter, den ich mir dann merke. Wenn ich dann bei dem betreffenden Pferd ankomme, lasse ich den Eigentümer ein kleines Stückchen mit ihm laufen, natürlich nur, wenn das Pferd nicht verletzt ist. Denn meistens sehe ich doch etwas anderes, als ein Tierarzt sehen würde. Anschließend machen wir das Pferd an

Paulien im Gespräch mit einem Pferd

41

einem Putz- und Waschplatz fest und danach darf es keiner mehr anfassen. Denn ich will die Energie des Pferdes fühlen, nicht die von den Menschen drum herum. Während ich das Pferd festhalte, spüre ich, was es in seinem Körper fühlt: Wo hat es Schmerzen? Arbeiten bestimmte Organe nicht gut oder sitzt das Problem zwischen seinen Ohren? Wenn ich das weiß, behandle ich das Pferd, und wie lange die Behandlung dauert, hängt wiederum von dem Pferd ab. Manche von ihnen finden es schön, wenn ich meine Hände auflege, doch meistens halte ich ein bisschen Abstand, denn so funktioniert es für mich am besten. Ich leite die Abfallstoffe aus, entferne Blockaden und bringe die Energiebahnen wieder ins Gleichgewicht.

Währenddessen spreche ich in meinem Kopf mit dem Pferd. Spürte ich im Auto einen Stich in meiner linken Schulter, dann kann so ein Pferd beispielsweise sagen: *„Mein Reiter hängt zu sehr links. Das finde ich mühsam und es tut weh.“* Sie lassen mich dann

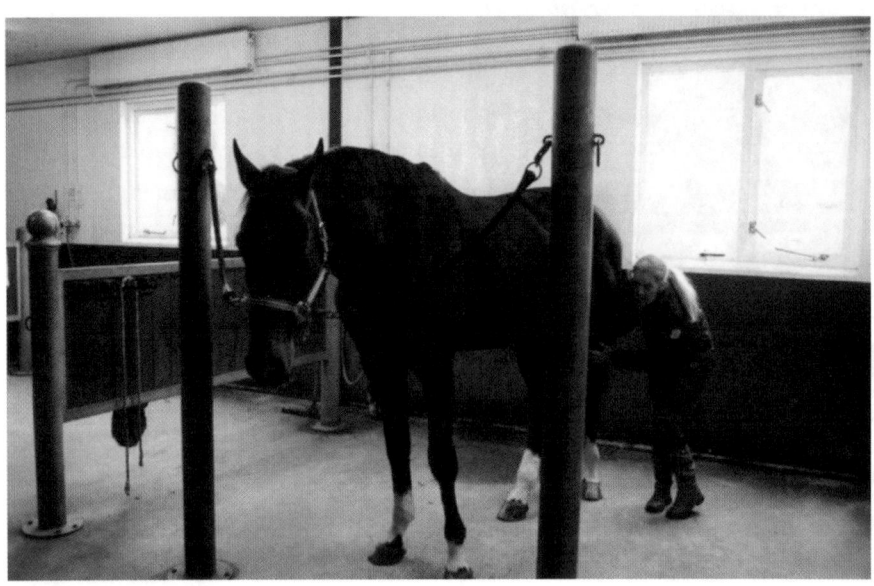

Paulien behandelt Beinschmerzen

42

manchmal sehr kleine Dinge sehen, zum Beispiel eine alte blaue Decke. Genau diese Decke lag so schön unter dem Sattel des Pferdes und hatte genau die richtige Dicke für seinen Rücken. Oder ich sehe ein Hindernis in einer bestimmten Farbe, bei dem das Pferd einmal hingefallen ist. Dann versuche ich, ihm die Angst auszureden.

Pferde, die ein Turnier laufen müssen, behandle ich ein paar Tage im Voraus mit einer Entspannungstherapie. Dann sind sie körperlich und geistig sehr viel ruhiger – und wenn der Reiter das dann auch bleibt, sammelte er Punkte in der Wettkampfwertung. Solcher Turnierstress ist schlimm, doch wenn wir das zusammen mit dem Pferd besprechen, geht alles gut, denn ich mache auch den Reiter ruhiger, das gehört zur Behandlung mit dazu. Meistens helfe ich beiden auf einmal, weil es das Ziel meiner Arbeit ist, Reiter und Pferd zu einem Ganzen zu vereinen.

Gestresste Pferde behandle ich mit am liebsten. Wenn jemand sich schon sehr lange abquält, und ich darf das mit ein oder zwei Behandlungen in Ordnung bringen, sodass der Besitzer ein ruhiges Pferd zurückbekommt, dann macht uns das alle drei sehr glücklich. Das eine Pferd spricht sehr viel, das andere sagt nur, was es für wichtig hält. Ich erzwinge nichts, denn solche Gespräche sind zwar wundervoll, doch bei mir steht die Behandlung an erster Stelle – das möchte ich ganz klar betonen. Ich kann bei einem Pferd stehen und alles Mögliche sagen, doch ist ihm damit geholfen? Bestimmt nicht, denn ich habe eine „wunder"-volle Gabe von Gott bekommen, obwohl ich nicht weiß, was da genau mit meinen Händen passiert. Es ist nicht nur ein Magnetisieren, da wirkt noch etwas anderes mit, das ich nicht erklären kann. Doch ich nehme es in Dankbarkeit an, denn es funktioniert!

Paulien beim Öffnen der Aura

Wie kann ich innerhalb von zehn Minuten ein Loch in einer Sehne schließen? Das hat schon viele Male geklappt, obwohl ich es mir selbst nicht erklären kann, und ich hatte damit im Ausland sogar bei einem weltberühmten Pferd das Glück. Am Freitag war die Diagnose: *„Loch in der Sehne – das Pferd muss mindestens ein halbes Jahr im Stall bleiben."* Ich war dann am darauffolgenden Montag zehn Minuten damit beschäftigt und sah das Loch zuwachsen. Sofort kam ein Tierarzt mit Scan, Fotos und so weiter, doch es war nichts mehr davon zu sehen. *„Vielleicht funktioniert die Apparatur hier nicht gut"*, sagte ich, worauf das Pferd in die Klinik gebracht und dort von zwei berühmten Tierärzten untersucht wurde, und auch dort war von der Verletzung nichts mehr zu sehen. Das Pferd ging wieder zum Training und darüber bin ich sehr froh.

Allerdings kann ich auch schon mal sehr ärgerlich werden. Zum Beispiel hatte das Pferd einer meiner besten Freundinnen eine schwere Sehnenverletzung und ich konnte ihm einfach nicht helfen. Ich habe den Verdacht, dass es bei diesem Pferd vielleicht deshalb nicht funktionierte, weil sie mir als Freundin sehr nahe stand. Doch es gibt auch Pferde, die ich nicht behandeln möchte, Pferde mit Krebs beispielsweise, denn die Zellteilung könnte sich durch meine Behandlung noch beschleunigen, oder schwangere Stuten, die das Fohlen dabei verlieren könnten. Denn während einer Behandlung kann alles Mögliche passieren und ich weiß das nicht im Voraus, weil das nämlich meine geistigen Führer bestimmen.

Sag niemals zu mir: *„Mein Pferd tritt nicht!"*, denn das tun sie bei mir dann doch. Was ich tue, kann ihrem Körper wehtun, denn Wut, Traurigkeit, alles kommt raus. Sie versuchen dann, mich zu treffen, wo sie nur können, bis sie verstehen, dass ich ihnen bloß helfen will. Dann werden sie ruhig und müde und können gähnen oder übergeben sich sogar, was ein Pferd eigentlich überhaupt nicht kann. Doch ich habe auch das schon erlebt.

Bei meiner Arbeit begegne ich auch regelmäßig kolik-anfälligen Pferden, die oft schon eine Operation hinter sich haben. Diese Pferde behandle ich einmal im Monat und ich sehe dann, wie es läuft. Wenn alles harmonisch verläuft, dann wiederhole ich es alle zwei Monate, später alle drei Monate. Oft müssen sie danach noch zwei- bis dreimal nachbehandelt werden, und dann bekommen sie keine Kolik mehr. Es ist so schön, dass ich das tun darf und dem Pferd die schrecklichen Schmerzen ersparen kann.

Natürlich gelingt mir auch nicht alles, doch ich probiere es, denn nichts ist unmöglich und ich kann sogar durch Gips hindurch arbeiten. Das Wichtigste bei der Behandlung ist, das Pferd zu erden. Das bedeutet, dass ich alle Abfallstoffe und Stress, der in diesem Körper ist, in Mutter Erde leiten kann. Viele Menschen können das visualisieren. Ich stelle mir einen Lichtblitz vor, der in den Boden schießt und wenn das passiert, bin ich zufrieden.

Es gibt jedoch leider auch Pferde, die nichts tun, nichts sagen und wie ein Zombie herumstehen. Das passiert selten, doch in einem solchen Fall habe ich das schönste Kompliment dafür bekommen. Ich hatte ein derartiges Pferd für einen bekannten Springreiter behandelt, denn dem Pferd ging es in letzter Zeit sogar sehr schlecht. Es stand da und schlief und machte keinen einzigen Schritt unter meinen Händen. Doch Monate später traf ich den Reiter bei einem Turnier. *„Was ist aus dem Pferd geworden?"*, fragte ich, weil der Reiter nichts hatte von sich hören lassen. *„Man ist Dir dankbar"*, sagte er ein bisschen böse. *„Das war nicht mein Pferd. Es sprang wahnsinnig gut nach Deinem Besuch. Es*

wurde sofort ein hohes Angebot gemacht, und der Eigentümer ver-
kaufte es gleich nach Italien. Durch Dich habe ich ein gutes Spring-
pferd verloren." Das war zwar nicht schön für ihn, doch ich musste lachen. *„Dann habe ich meine Arbeit doch gut gemacht"*, dachte
ich.

Früher konnte ich mich mit jedem Pferd beschäftigen, denn sie
hatten alle etwas zu sagen. Inzwischen habe ich gelernt, das nicht
mehr zu tun und zwar aus purem Selbstschutz, weil ich das alles
viel zu sehr an mich heranlasse.

Vor kurzem war ich in einem Stall, um das Pony eines Kindes
zu behandeln. Als ich von dem Stall wegging, kam ein Mädchen
mit einem großen Schimmel. Ich sah ihn an und er sagte: *„Hilf
mir doch!"* Ich wollte weiterlaufen, doch mein Führer mit dem
Namen »Weiße Feder« sagte, dass ich ihm helfen müsse, und ich
fragte das Mädchen: *„Darf ich Dein Pferd mal anfassen?"* Es er-
laubte es mir. Ich fühlte sehr viel Arthrose in seinem Körper,
Schmerz und ein Melanom (Krebs) oben auf der Hinterhand. Ich
wollte lieber nicht der Überbringer dieser schlechten Nachricht
sein, doch mein Führer bestand darauf – und wieder einmal verließ ich traurig einen Stall. Später hörte ich, dass sofort ein Tierarzt gekommen sei und dieser meine Geschichte bestätigte. Im
Nachhinein bin ich froh, dass ich es sagen musste, weil das Pferd
jetzt zur Ruhe kommt, und wenn die Zeit da ist, soll es selbst entscheiden, wann es genug gewesen ist.

Eine Sache halte ich mir stets vor Augen: Ohne Gott und meine wunderbaren Führer kann ich überhaupt nichts!

Das Rhythmus-Pferd

Eines Tages bekam ich einen Anruf von einer Frau, die sich am Telefon sehr nervös verhielt. Sie hatte ein Problem mit ihrem Pferd. Vor meinem geistigen Auge sah ich gleich ein großes, dunkelbraunes Pferd, aber auch ein zweites, friesländisches. Ich fragte sie, welches der beiden Pferde das ihre war und sie antwortete, dass es das dunkelbraune sei. *„Aber was ist dann mit dem Friesen?"*, fragte ich sie. Sie musste kurz nachdenken, kannte aber nur einen, der bei den Nachbarn stand. Ihr eigenes Pferd stand auf einem Pensions-Stall – das sind Weideplätze für Pferde mit einem breiten Graben dazwischen. Wenn ich so etwas sehe, so wie den Friesen, dann muss ich dem nachgehen – ich wusste, dass es wichtig sein kann.

Nun aber zu dem Problem mit ihrem Pferd: Es hatte es immer herrlich gefunden, im Sommer auf der Weide zu stehen, doch dies war schon die zweite Saison, dass es sich merkwürdig verhielt – es rannte gefährlich schnell über die Weide und trat nach anderen Pferden. Es drehte also durch und musste immer sofort von der Weide geholt werden, denn normalerweise frisst ein Pferd, wenn es Gras sieht. So vereinbarten wir einen Termin. Das Pferd war groß und stark und sehr unruhig, als ich kam, und die Frau konnte es nur mit Mühe am Putzplatz festmachen. In letzter Zeit hatte sie auch ein bisschen Angst vor ihm. Es machte sich sehr groß und war launenhaft und daher ritt sie es schon eine zeitlang nicht mehr. Als ich vor ihm stand, fühlte ich jedoch nur Traurigkeit und Unsicherheit bei ihm. Das war kein Pferd, das einen Menschen einfach so verletzen würde, also begann ich meine Behandlung.

Als ich es festhielt, wurde es schon ruhiger und begann sich zu entspannen. Ich bat es, mir zu vertrauen. *„Willst Du mir erzählen, warum Du auf der Weide so schwierig und in letzter Zeit so unruhig bist?"* Es sagte sofort: *„Das Mädchen muss kommen, das Mädchen mit dem Baby. Das Frauchen macht sich nur noch Sorgen um sie und davon werde auch ich nervös."* Ich fragte die Frau, wer das Mädchen mit dem Baby sei. *„Das ist meine einzige Tochter mit meiner Enkelin"*, sagte sie. *„Es stimmt, dass ich mir Sorgen um sie mache. Sie hat eine sehr schwierige Schwangerschaft gehabt."* Die Frau brachte vor Emotionen kaum mehr ein Wort heraus.

Ich wandte mich wieder dem Pferd zu, aber es wollte nicht mitarbeiten und bestand darauf, dass das Mädchen kommen müsse. Ich bekam nichts mehr aus ihm heraus, also fragte ich die Frau, ob ihre Tochter diese Woche kommen könne. Sie rief sofort ihre Tochter an und diese konnte zwei Tage später abends anreisen. Als ich das dem Pferd erzählte, war es sehr froh und ich konnte gleich noch mehr Stress und Abfallstoffe ausleiten. Es stand herrlich entspannt da, weil sein Mädchen kommen würde. Ich fragte es, ob es in den nächsten zwei Tagen ruhig auf der Weide stehen wolle, ohne Probleme zu machen, schließlich sei das Mädchen ja nun auf dem Weg, und es erwiderte: *„Okay, mach ich."* Es gähnte, war müde und ging in seinen Stall.

Am nächsten Abend rief seine Besitzerin bei mir an. Sie war sehr froh: Das Pferd hatte ganz ruhig eine Stunde auf der Weide gestanden und sie musste es sogar holen gehen. Am nächsten Tag war es genau dasselbe, wieder kein Problem. Abends lernte ich das Mädchen kennen – eine erwachsene junge Frau, doch für das Pferd war es sein „Mädchen", diejenige, die so oft bei ihm war, es versorgte und auch schöne Ausritte mit ihm machte. Ich umarmte das Pferd und belohnte es dafür, dass es sich so ruhig verhalten hatte. Ich erinnerte es daran, dass ich mein Versprechen gehalten hatte und bat es, mir zu erklären, warum es sich die letzten beiden Sommer so schwer tat. Es plapperte an einem Stück: Das Mädchen, das jetzt das Baby hatte, ließ das Pferd immer jeden Morgen um neun Uhr raus und gegen halb sieben wurde es von ihr oder ihrer Mutter wieder reingeholt. *„Aber jetzt ist alles so ein Durcheinander. Die Zeiten haben sich verändert und das Mädchen war schon sehr lange nicht mehr da. Das Frauchen ist mit seinem Kopf nicht bei mir, sondern nur noch bei dem Baby."* Das Pferd wollte seinen alten Rhythmus wiederhaben und wieder zur gleichen Zeit raus wie der Friese vom Nachbarn, der zur selben Zeit kam. Nun verstand ich, warum ich am Anfang unseres Telefongespräches vor ein paar Tagen den Friesen gesehen hatte.

Ich erzählte, was das Pferd sagte, und es stimmte. Durch die besonderen Umstände wurde das Pferd zu unterschiedlichen Zeiten rausgelassen und reingeholt. Die meisten Pferde stellen sich nicht so an. Wenn sie Gras sehen, fressen sie gleich, doch dieses Pferd hatte eine innere Uhr und brauchte seinen Rhythmus. Die beiden versprachen, wieder dafür zu sorgen, doch das Pferd glaubte es so schnell nicht. Es sagte zu mir: *„Kannst Du ein Lied für sie singen, damit sie mich ernst nehmen? Mich hören sie nicht, also sing Du bitte!"* Es fing an zu singen und ich sang laut mit. Mutter und Tochter kamen die Tränen, denn dieses Lied sang die Mutter immer vor dem Schlafengehen für ihre Tochter, als diese noch klein war. Davon wurde sie ruhig. Ihre Tochter sang dieses Lied auch, nachdem sie erfahren hatte, dass sie wieder schwanger war. Trotzdem hatte sie zwei Fehlgeburten gehabt, was sie sehr traurig stimmte. So herrschte auch sehr viel Spannung, ob dieses jetzige Kind wohl gesund zur Welt kommen würde. Sie hatte sechs Monate im Bett gelegen, doch Gott sei Dank wurde ihre Tochter gesund geboren. Sie sang das Lied noch immer für ihr kleines Mädchen, genau wie während der Schwangerschaft. Sie glaubte, dass ihre Kleine durch das Singen fühlen konnte, dass sie sehr gewünscht und geliebt war. Und das Pferd wusste das. Frag mich nicht wie, aber sie wissen sehr viel!

Das brachte vollends den Durchbruch und die Tochter kam wieder öfter zu dem Pferd. Sie musste ohnehin lernen, ihr kleines Mädchen jemand anderem anzuvertrauen. Sie musste die Angst loslassen – und was könnte herrlicher sein als ein schöner Ausritt? Das Pferd bekam seinen Rhythmus wieder, es wurde jeden Tag um neun Uhr rausgelassen und gegen halb sieben wieder reingeholt. Nach ein paar Wochen hörte ich, dass das Problem verschwunden war, es war wieder einfach ihr altes, vertrautes Pferd. Mutter und Tochter waren überglücklich und das singende Pferd sogar noch glücklicher. Es war wieder Ruhe eingekehrt und das Pferd konnte auch wieder pünktlich den schönen Friesen vom Nachbarn sehen.

Que sera, sera.
What ever will be, will be.
The future is not ours to see.
Que sera, sera.
What will be, will be.
(Doris Day)

(Seit dem Ende ihrer Filmkarriere setzt sich Doris Day verstärkt für den Tierschutz ein, wofür sie 2004 mit der »Presidential Medal of Freedom« ausgezeichnet wurde.)

Botschaften aus dem Jenseits

Es ist schon lange her, doch ich werde die folgende Geschichte nie vergessen. An einem Donnerstagabend wurde ich zu später Stunde von einer sehr lieben Dame angerufen, die sich dafür entschuldigte, dass sie so spät anrief. Sie hatte von mir gehört und sie war sich sicher, dass ich ihrem großen Liebling helfen konnte. In diesem Moment sah ich vor meinem geistigen Auge einen großen, schwarzen Wallach, zirka 21 Jahre alt, und ich sah ihn beim Fleischer. Jetzt, so viele Jahre später, kann ich mich selbst viel besser schützen, doch als ich sie damals am Apparat hatte, bebte ich vor Schmerz, der so heftig war, dass mir davon übel wurde – und der Schmerz kam von dem Pferd. Das wusste ich genau!

Im gleichen Moment sah ich ein kleines, bereits verstorbenes Pony neben dem Pferd stehen. So etwas geschieht in Bruchteilen von Sekunden und ich wusste, dass das große schwarze Pferd bald sterben würde und das kleine Pony kam zu ihm, um es abzuholen. Ich fühlte auch, dass ich so schnell wie möglich dorthin musste und sagte der Frau, dass ich am nächsten Morgen kommen könne. Sie war überglücklich, denn Gott sei Dank würde ich schon bald da sein und ihrem Pferd helfen.

Am nächsten Morgen kam ich nach einer zweistündigen Autofahrt bei einem luxuriösen Stall an. Ich lief den Durchgang entlang und wurde gleich von einer alten Stute gerufen, die in der ersten Box stand. Sie bat mich, ihren Freund von seinem Leiden zu erlösen. Sie stand immer mit ihm auf der Weide, er habe sehr schlimme Schmerzen und wolle nicht mehr, doch sein liebes Frauchen ließ ihn nicht gehen. Sie wollte es einfach nicht wahrhaben. Eine wunderschöne Frau lief auf mich zu und schaute mich mit ihren großen, blauen Augen hoffnungsvoll an. Sie umarmte mich und zog mich gleich mit zu ihrem Pferd. Ich bin wirklich einiges gewöhnt, aber als ich dieses Pferd da stehen sah, konnte ich nur mit Mühe meine Tränen zurückhalten. Es hatte schreckliche Schmerzen, doch es empfand auch schrecklich viel Liebe für diese Frau.

Für dieses Pferd konnte ich leider nichts mehr tun. Als ich meine Hände auflegte, wurde der Schmerz für mich unerträglich. Der Wallach bewegte sich nicht einmal, denn innerlich war er schon wie tot. Ich legte seinen Kopf auf meine Schulter und sprach mit ihm. Er hatte eine liebe, aber sehr schwache Stimme. Er erzählte, dass sein Frauchen ihn vor zehn Jahren bei einem Schlachthof gekauft hatte, zusammen mit dem kleinen Pony, das inzwischen gestorben war. Die beiden waren immer zusammen gewesen. Sie hatten jahrelang zusammen in einer Reitschule gestanden und jeden Tag mussten sie viele Stunden für den Unterricht laufen. Dieses Pferd hatte viele unnötige Schläge bekommen. *„Sie hatten Angst vor mir, weil ich so groß bin, aber ich habe nie etwas getan. Irgendwann wurde ich langfristig zum Krüppel und das kleine Pony zu alt, also wurden wir zum Markt gebracht und sind letztendlich beim Schlachter gelandet."*

Da standen sie dann, diese zwei abgedankten Tiere, die nie Liebe bekommen hatten. Und da kam sie. *„Ein Engel!"*, sagte das Pferd. Sie schaute zu ihm und dem Pony und wusste sofort, was zu tun war. Sie bezahlte dem Schlachter viel zu viel und nahm sie mit zu diesem schönen Stall. Sie wurden nicht geritten, und sie bekamen sehr viel Liebe und lange Spaziergänge durch die Wälder. Die Besitzerin kam ein paarmal pro Tag und nahm sich viel Zeit für sie. Sie und ihr Mann hatten keine Kinder und das Pferd und sein Freund, das Pony, waren die Erfüllung in ihrem Leben.

Sein Freund war nun vor einem Jahr gestorben und er vermisste ihn sehr, denn er wollte so gerne zu ihm. Das Pferd konnte den Schmerz nicht mehr aushalten, aber es war auch der Liebling seiner Besitzerin. Es hatte schwere Arthrose, war verschlissen und total am Ende, doch die Liebe für seinen Engel hielt das Pferd noch auf den Beinen. Wir waren uns einig: Er wollte nicht mehr leben. Aber wie sagt man das einer so lieben Frau, die einen so hoffnungsvoll anguckt? *„Tut mir leid, meine Liebe, aber Du musst Deinen lieben Freund jetzt einschläfern lassen?"*

Ich fragte das Pferd: *„Was soll ich ihr bloß sagen?"* Es meinte: *„Morgen früh um 8 Uhr werde ich gehen, denn ich kann nicht mehr. Sorge dafür, dass sie da ist. Ich gehe in ihren Armen. Und in ein paar Monaten schicke ich Dir ein anderes Pferd für sie. Es ist ein bedauernswerter Fuchs-Wallach, der auch mal Liebe bekommen muss. Mein Frauchen wird sehr traurig sein, aber er wird sie wieder glücklich machen. Sag ihr das, jetzt!"* Doch wie sagt man so etwas Schreckliches? Ich wusste es nicht und Gott sei Dank kam ihr Mann in diesem Moment – er war auch sehr traurig.

Ich fragte die Frau, wann sie am nächsten Tag zu ihrem Pferd gehen würde. *„So um 10 Uhr"*, antwortete sie. *„Kannst Du morgen bitte vor 8 Uhr dort sein? Um die Zeit solltest Du eine große Ver-*

änderung sehen. *Es ist sehr wichtig, dass Du morgen vor 8 Uhr dort bist!"*, sagte ich. *„Oh"*, sagte sie erleichtert, *„geht es ihm dann schon besser?"* Sie begriff es nicht und ich schaute ihren Mann an, und er nickte mir zu, er verstand. *„Wir sind morgen um 7.30 Uhr da"*, meinte er, dann ging er weg. Die Frau umarmte mich, drückte mich fest und ich hatte einen Kloß im Hals. Ich habe den prächtigen Schwarzen geküsst und ihm gesagt, dass ich gut auf seinen Engel aufpassen werde. Auf dem Rückweg nach Hause habe ich ein paar Tränen vergossen, dann zu Hause lange geduscht, und anschließend bin ich ins Bett gegangen. Mein ganzer Körper tat weh.

Samstagmorgen um 8:15 Uhr wurde ich von dem schwarzen Pferd geweckt. *„Ich bin da"*, sagte es, *„bei meinem Freund, und ich habe keine Schmerzen mehr."* Strahlend und leuchtend stand es in meinem Schlafzimmer. *„Ich gehe wieder"*, hörte ich – und weg war es. Ich freute mich sehr für das Pferd, doch wie fühlte ich den Schmerz der Frau, denn ich kenne diesen Schmerz selbst allzu gut. Mittags bekam ich einen Anruf von ihrem Mann. Das Pferd war an diesem Morgen um 8:05 Uhr in den Armen seiner Frau gestorben. Als sie um 7:30 Uhr zum Stall kamen, lag es dort auf dem Boden. Sie hatten den Tierarzt angerufen, doch der war erst um 8:15 Uhr dort. Gott sei Dank – denn es war in ihren Armen sehr friedlich gestorben. Ihr Mann war traurig, aber auch erleichtert, denn er hatte ihr nicht klarmachen können, dass es so echt nicht länger weitergehen konnte.

Eine Woche später rief sie mich weinend an. Sie war sehr traurig, konnte es nicht begreifen und fühlte sich so leer. Erst jetzt konnte ich ihr erzählen, was ihr Pferd gesagt hatte, und sie begriff es. Ich verschwieg ihr allerdings, dass ein neues Pferd kommen würde.

Monate später sah ich einen Fuchs auf ein paar Quadratmetern Matsch stehen – krumme Hufe, nicht versorgt, mager und an einem gefährlichen Platz, an den jeder herankommt. Leider gibt es viel zu viele Tierquäler. Ich parkte mein Auto an der Seite und lief zu ihm hin. Es war ein Wallach, der sagte: *„Hilfe, ich kann nicht mehr."* In diesem Moment war er da, der große Schwarze stand plötzlich neben ihm. Ich hatte sofort verstanden und ging den Besitzer ausfindig machen. Was für ein furchtbarer Mann das war, so geht man doch nicht mit Tieren um! Er verkaufte ihn mir für den Schlachtpreis, und ich sagte: *„Alles klar, dann hole ich ihn morgen ab."*

Wenn mein schwarzer Freund nicht aufgetaucht wäre, dann hätte ich den Fuchs für mich selbst mitgenommen, aufgepäppelt und ein gutes Zuhause für ihn gesucht. Ich wusste natürlich nicht, ob das Ehepaar überhaupt noch ein Pferd wollte – vielleicht hatten sie schon ein anderes. Als ich nach Hause kam, rief ich die Frau an und fragte sie, ob sie Lust hätte, am nächsten Morgen zum Kaffeetrinken zu kommen und erwähnte auch, dass ich ihr etwas zeigen wollte. Sie kam am nächsten Morgen zusammen mit ihrem Mann und brachte mir einen wundervollen Blumenstrauß mit. Wir tranken Kaffee und unterhielten uns und sie erwähnte, dass sie immer noch auf ein Zeichen wartete als Beweis, dass es ihrem Liebling gut ging.

„Sollen wir ein Stückchen fahren? Ich will Euch etwas zeigen", sagte ich. Zu dritt fuhren wir in meinem Auto in Richtung Fuchs und ich hoffte sehr, dass sie das traurige Pferd mitnehmen würde, aber ich sagte nichts. Als wir dort ankamen, hatte ich mein Auto gerade ausgeschaltet, da sprang sie schon heraus. Ihr Mann und ich schauten zu. Sie machte das Gartentor aus Stacheldraht auf und ging ruhig auf ihn zu. *„Er hat die gleichen Augen!"*, sagte sie und fing wieder an zu weinen. *„Wie kann jemand so mit Tieren*

umgehen? Ich nehme ihn mit, so etwas bringt mich um den Schlaf."
Und ihr schwarzes, verstorbenes Pferd stand daneben. Schön war
das – ich wünschte so sehr, dass Menschen das sehen könnten.

Ich erzählte ihr, dass ich ihn für den Schlachtpreis kaufen
konnte und dass dies das Zeichen von ihrem schwarzen Pferd
war. Es schickte ihr wieder ein trauriges Pferd, das alle Liebe von
seinem Engel bekommen müsse. In diesem Moment kam auch
der Eigentümer, wobei wir alle drei ruhig blieben, und es schien,
als ob er es roch: Geld! Ihr Mann bezahlte ihn sofort und der
Mann ging wieder weg. Ich schreibe mal lieber nicht auf, was wir
alles über ihn gesagt haben. Nun, da standen wir dann – und
jetzt? Die Frau blieb bei dem Pferd und ich fuhr mit ihrem Mann
zu meinem Stall, um den Anhänger zu holen. Noch nie habe ich
ein Pferd so schnell in den Anhänger laufen sehen – sie fühlen das
einfach.

Nun ist es schon Jahre her, dass ich den Fuchs-Wallach zum
letzten Mal gesehen habe. Er strotzte vor Gesundheit – nicht
mehr wiederzuerkennen. Das Schöne war, dass die Frau gerade
auf ihm durch den Wald ritt, es genoss und dabei wusste, dass er
von ihrem großen, schwarzen Liebling geschickt worden war.

Inzwischen sind viele Jahre vergangen und durch verschiedene
Umstände verliert man sich aus den Augen, doch ich hoffe, dass
Du dies liest, lieber „Engel", und mich anrufst. Weißt Du, was ich
an Dir und Deinem Mann am schönsten fand? Ihr hattet genü-
gend Geld – genug, um das teuerste Pferd zu kaufen, um damit
anzugeben und es zu Wettkämpfen zu bringen, aber so ein Pferd
wolltest Du nicht. Nein, Du wolltest eines, das niemand mehr der
Mühe wert findet – arme Schlucker, die wieder glücklich werden
durch Dein großes Herz für Tiere. Es ist wahr: Die Liebe von
Tieren kann man mit Geld nicht kaufen.

Meine Weiße

In demselben Stall, aus dem auch Polly stammte, hatte ich schon seit langem einen hübschen Schimmel gesehen – schön gebaut, mit starken Beinen und einem lieben Gesicht. In diese Stute war ich schon sehr lange verliebt, es war mein Traumpferd und hieß Sandy. Sandy hatte keinen Stall, sondern war an einem Stand festgebunden und musste viele Stunden für den Unterricht laufen. Ich konnte sie kaufen und endlich meinen großen Traum verwirklichen: ein eigenes Pferd.

Ich war überglücklich und habe direkt einen Stall gemietet, einen schönen Außenstall an einer Ecke, sodass Sandy alles sehen konnte. Nun musste sie nicht mehr festgebunden herumstehen. Stolz setzte ich mich zu ihr in den Stall und dachte, dass ich träume. Sie war so schön und vor allem auch sehr lieb. Sie starrte nach draußen und dachte sicher auch, dass sie träumt. Ich war jeden Tag dort und konnte alles mit ihr besprechen – nie habe ich ein Pferd so deutlich gehört. Ich werde auch nie den Moment vergessen, als ich sie zur Weide führte, und auch sie konnte es kaum fassen: *„Was ist das? Wie schön das ist, ich bin frei!"*

Meine Tochter Talitha war genauso verrückt nach ihr. Ich sah sofort, dass es zwischen den beiden geklickt hatte und beschloss, sie auf Sandy reiten zu lassen. Als ihr erstes Springturnier auf sie zu kam, war meine Tochter doch ein bisschen nervös, weil Sandy sehr stark war und ihre Grenzen austestete. Und die Nervosität war durchaus berechtigt gewesen, denn nach ein paar Sprüngen bremste Sandy plötzlich abrupt ab und Talitha flog quer durch das Hindernis. Wütend erinnerte ich Sandy daran, dass wir eine Vereinbarung getroffen hatten: *„Du sollst alles von mir bekommen – einen Stall, Weideland, Liebe. Du musst nie mehr für den Unter-*

richt laufen, und ich will alles für Dich tun, aber tu niemals meinem Kind etwas an. Ich habe Dir gesagt, dass Du sie beschützen musst, da haben wir immer drüber gesprochen!" Meine Tochter stieg wieder auf und zusammen sprangen sie weiter, und zwar richtig gut! Ich sah das Lachen auf ihrem Gesicht zurückkommen und das Reitteam war geboren, die zwei wurden Spring-Champions und vor allem Freunde.

Weil es in der damaligen Region nichts mehr zu gewinnen gab, haben wir uns einen größeren Stall gesucht und sind umgezogen. Wegen besonderer Umstände wurde ich einmal gebeten, Sandy ausnahmsweise ein einziges Mal beim Unterricht mitlaufen zu lassen, weil sie verlässlich war. Ich stimmte zu, doch es musste schon ein junges Kind sein, denn Sandy war sehr wählerisch geworden. Da konnte nicht jeder drauf – sonst lag man gleich wieder unten. Ein kleines, liebes Mädchen wurde auf Sandy gesetzt, und ich sagte: *„Reite ruhig, Schätzchen, sie tut Dir nichts."* Sie tat buchstäblich nichts. Sie ging tadellos ein paar Meter bis zu der „X"-Markierung am Boden und machte keinen Schritt mehr. *„Mama"*, sagte Sandy zu mir, *„Du hattest doch gesagt, dass ich nie mehr für den Unterricht laufen muss."* Ich war verblüfft, wie konnte sie sich das merken? Und jetzt konnte ich sagen, was ich wollte, sie blieb einfach stehen. Wir haben es dann aufgegeben und ich fand es traurig für das Mädchen, aber doch auch lustig, dass Sandy so auf dem X stehen blieb.

Die Jahre gingen vorüber. Sandy gewann alles und am schönsten fand ich, dass meine heranwachsende Tochter dies alles so völlig normal fand. Meine „Weiße" hatte ein sehr gutes Leben, denn ich vergötterte sie und bin noch immer erstaunt darüber, wie sehr ich sie liebte. Sie war sozusagen mein drittes Kind.

Als Sandy 21 Jahre alt war, sah ich, dass sie müde wurde. Während ihres letzten Turniers sackten vor dem Hindernis ihre Hinterbeine zusammen und sie fiel auf meine Tochter. Ich rannte zu ihnen und sofort wurde ein Krankenwagen für Talitha gerufen. Doch Gott sei Dank war es nicht so schlimm, Talitha hatte zwar Schmerzen und wurde bunt und blau, sie hatte sich aber vor allem erschreckt. Als sie am Boden lag, waren ihre ersten Worte: *„Mama, was ist mit Sandy?"*

Sandy stand mit ihrem Hinterbein nach oben gebogen über meiner Tochter. Traurig war sie, ihr Kind hatte Schmerzen. Ich streichelte sie und sagte ihr, dass sie nichts dafür könne. Die Verletzung an ihrem Bein war nicht so schlimm und es war nichts gebrochen, aber ich sah den Verschleiß von Jahren harter Arbeit in der Manege, wo sie sehr lange für den Unterricht gelaufen war. Sie hatte sehr viel für uns getan, nun war es genug und Sandy bekam ihre wohlverdiente Ruhe. Ganz in der Nähe fand ich einen schönen Platz für sie, eine Weide mit Stall und älteren Pferden und Ponys. So konnten wir doch noch jeden Tag zu ihr.

Nach einem Monat hörten wir morgens um 8 Uhr das Telefon. Ich wusste es und rannte nach unten – Sandy war tot. In dem Moment dachte ich, dass ich auch tot war, innerlich, auch mein Herz war herausgerissen. Das durfte nicht wahr sein! Auch meine Tochter war untröstlich und die ganze Familie war traurig. Es stellte sich heraus, dass Sandy sich ein Bein gebrochen hatte und sofort eingeschläfert werden musste. Das Schlimmste ist nur, dass wir uns nicht von ihr verabschieden konnten und es mir unheimlich schwer fiel, sie loszulassen – mein erstes eigenes Pferd.

Jahre später behandelte ich gerade einen echten Treter, ein gefährliches Pferd, und plötzlich sah ich sie, meine „Weiße". Sie stand neben dem Pferd – strahlend, das Weiß ist unbeschreiblich. Ich nenne es „das Licht Gottes". Und ich weinte vor Glück, sie war wieder bei mir. Von Gefühlen überwältigt, bin ich nach draußen gelaufen und natürlich lief Sandy mit. *„Mama"*, sagte sie, *„lass mich los! Dann kann ich Dir helfen. Du hast so an mir festgehalten, dass ich nicht weiterkonnte, und da drüben ist es sehr schön. Lass uns wieder zusammen sein, dann helfe ich Dir mit den Pferden."*

Ich hatte tatsächlich zu lange an ihr festgehalten, dabei bin ich diejenige, die immer sagt und ehrlich meint: *„Nimm Dir Zeit zu trauern, aber dann lass los!"* – auch bei Menschen. Man ist erst tot, wenn man vergessen ist, und vergessen tun wir sie nie. Irgendwann begegnen wir uns wieder – allen Menschen, die wir verloren haben und auch unseren geliebten Tieren. Wenn wir weiterhin an ihnen festhalten, können sie in der geistigen Welt nicht weiter vorankommen, weil sie dann wegen uns auch traurig sind. Ich konnte sie erst loslassen, als sie selbst den Knoten löste, indem sie mich darauf hinwies.

Eine Sache wollte ich Sandy noch fragen: *„Wie bist Du gestorben? Dein Bein war gebrochen, aber wie kam das? Hast Du getreten oder bist Du gefallen?"* *„Mama"*, sagte sie, *„lass es los. Irgendwann werde ich es Dir erzählen und auch zeigen. Das wird sehr schmerzhaft für Dich, aber erst dann kannst Du mich ganz und gar loslassen."* Ich durfte nicht weiter fragen und wollte, dass wir zusammen hineingingen zu dem schwierigen Pferd. Ab sofort war sie wieder bei mir und ich fühlte mich genau so wie an jenem Tag, als sie zum ersten Mal in mein Leben kam: komplett!

„Meine Weiße!"

Charakter-Pferde

Jedes Pferd hat seinen eigenen Charakter. Normalerweise wird ein Pferd eingeritten, wenn es so um die drei Jahre alt ist, doch vorher sollte man sein Pferd gut beobachten. Ist es wirklich bereit? Viele Pferde sind in diesem Alter automatisch bereit und werden dann hoffentlich gut eingeritten, einige aber scheinen nur dafür bereit zu sein, erwachsen auszusehen – doch was geht in diesem Köpfchen vor?

Oft steckt in diesem schönen Körper auch ein unsicherer, nervöser Charakter. Dann warte noch und fang zum Beispiel mit den Grundlagen an: Leg ab und zu einen Sattel auf, zieh ihm in aller Ruhe Zaumzeug an, bau eine Verbindung mit Deinem Pferd auf, schenk ihm viel Vertrauen, und dann siehst Du selbst, wann es so weit ist – besser ein Jahr später für den Sattel bereit sein, als zu früh eingeritten! Auch dann solltest Du nichts zu schnell wollen. Es gibt sehr viele Menschen, die stolz erzählen: *„Mein Pferd läuft schon ZZ, und es ist erst sechs Jahre alt."* (ZZ ist eine hohe Turnierdisziplin in den Niederlanden). Von so etwas halte ich überhaupt nichts, denn diese Pferde sind am schnellsten verbraucht. Sieh Dir die Profis an und die Lebenserwartung von deren Pferden. *„Dieses Pferd ist erst neun oder zehn Jahre alt, da erwarten wir noch viel"*, hört man regelmäßig von Fernsehkommentatoren. Die Top-Hengste sind alle älter, mit ihnen wird mit Vernunft und Umsicht umgegangen.

Wenn Du ein Pferd kaufst, das Du einreiten lassen willst, weil Du Dir das selbst nicht zutraust, dann empfehle ich, Dir gut zu überlegen, durch wen Du das machen lässt. Bleib einmal dabei, wenn er oder sie mit Deinem Pferd zur Tat schreitet. Es gibt Fachleute, die ein Pferd korrekt einreiten. Aber es gibt auch die „Brecher" – alles schnell, nur beeilen und Geld verdienen auf Kosten der Pferde. Das erlebe ich oft bei meiner Arbeit und so kreiert man ein „Stresspferd". Und der Besitzer wundert sich dann: *„Warum ist es so schreckhaft? Warum stoppt es so oft vor Hindernissen?"* Sehr viele Pferde werden verdorben, weil sie zu schnell mit der großen, schweren Arbeit beginnen, obwohl sie mental und körperlich noch gar nicht dazu bereit sind.

Was sind Fachleute? Dazu weiß ich ein sehr gutes Beispiel, nämlich den niederländischen Bundestrainer für Springreiten, Rob Ehrens. Ich war einmal bei Familie Ehrens zuhause, eine liebevolle, warme Familie mit Vater Rob, Sohn Robert und Mutter Vilja. Auch sie ist total verrückt nach allen Pferden und ist auch die treibende Kraft hinter ihrem hart arbeitenden Mann und Sohn. Ich war dort, um einige Pferde zu behandeln und die Atmosphäre dort ist wunderbar ruhig, was auch auf die Pferde abstrahlt. Als ich fertig war, fragte Rob, ob ich noch nach einem weiteren Pferd schauen wollte, denn er machte sich ein bisschen Sorgen – es war in den letzten Wochen nicht das alte. Ich hatte noch Energie übrig, also tat ich das natürlich.

Da kam sie schon an, eine prächtige, schwarze Stute von sieben Jahren. Man sah gleich, dass dies ein gesundes Pferd war. *„Das ist unser Baby"*, sagte Rob. *„Ein Baby? Sie ist sieben Jahre alt."*, sagte ich. *„Ja, aber ich gucke immer, wie ein Pferd so gestrickt ist. Mit ihr gehen wir es ganz ruhig an. Sie läuft gut, aber alles zu seiner Zeit. Ihr Kopf ist dafür noch nicht bereit. Ich habe lieber ein gutes Pferd, das es im Sport weit bringen kann und das für einen längeren Zeitraum, als dass ich es schnell verderbe."* Das ist ein Mann ganz nach meinem Geschmack.

Und was hatte es mit der Bezeichnung „Baby" auf sich? Ich sprach mit der Stute und dabei kam Folgendes heraus: „Baby" war böse auf Rob. *„Warum?"*, fragte ich, *„Du hast das beste Herrchen."*

„Wo ist mein Freund geblieben? Und schlimmer noch: Wo ist mein halber Apfel?", erwiderte sie. Sie war wirklich sehr ärgerlich und darum in letzter Zeit schlecht gelaunt. „Oje", sagte Rob, *„wie konnte ich das bloß vergessen? Da stand wirklich ein Pferd neben ihr, aber das wurde vor einiger Zeit verkauft. Weil es ein nervöses Pferd war, lief ich da jeden Abend hin und brachte ihm einen Apfel, damit es etwas zusätzliche Aufmerksamkeit von mir bekam und dadurch ruhiger wurde. Weil ich es ansonsten traurig für sie fand, brach ich den Apfel in zwei Hälften und es bekam jeder einen halben Apfel. Wie hat sie sich das bloß gemerkt? Ist sie wegen einem halben Apfel so außer sich?"*

Ja, das war sie. Manchmal kann ein Pferd wegen solcher Kleinigkeiten ausflippen. Rob ging sofort einen Apfel holen und gab ihr den, doch sie wollte ihn nicht, es musste ein halber Apfel sein. Was haben wir gelacht! Was für ein Charakter-Pferd. Rob sollte ihr wieder jeden Abend einen halben Apfel bringen, und wenn er nicht da war, dann machte seine Frau das – das Problem war gelöst und das „Baby" war wieder froh.

Um auf die „Fachleute" zurückzukommen: Wie viele Reiter beschreiben ihr siebenjähriges Pferd als ein „Baby", das sich in aller Ruhe zu einem guten Pferd entwickeln darf? Ich sage es oft so: Schön langsam, schone Dein Pferd! Ein Pferd ist erst mit acht Jahren erwachsen. Guck mal, wie Rob Ehrens es macht, das ist ein Fachmann und ist nicht umsonst ein Bundestrainer.

Bundescoach Rob Ehrens

Nummer 1 bitte!

Eines Tages sah ich, dass in unserem Stall ein schneeweißer Andalusier stand. Ich ging hin und sah ihn mir an. Er war sehr schön, doch seine Augen sahen traurig aus. Ein paar Tage später lernte ich seine Besitzerin Marjolein und ihre dreizehnjährige Tochter Jody kennen. Ich mochte die beiden sofort und machte ihnen Komplimente wegen ihres schönen Pferdes. Marjolein reagierte kaum, aber ich dachte mir nur: *„Ach, ein neuer Stall, die müssen sich sicher erstmal eingewöhnen."* In den nächsten Tagen sah ich, dass sie manchmal Schwierigkeiten hatte mit Contigo. Es klappte nicht so recht und ab und zu benahm er sich äußerst gefährlich.

Als wir uns etwas besser kennenlernten und sie von meiner Arbeit wusste, fragte sie mich, ob ich mal mit Contigo reden wollte, um herauszufinden, was mit ihm geschehen war. Sie war ratlos und ich fühlte, dass sie kurz davor war, ihn wegzugeben, auch wenn ihre Tochter dagegen war, denn die war ganz verrückt nach ihm. Marjolein erzählte mir, dass sie ihn extra für ihre Tochter gekauft hatte, doch diese konnte nicht wirklich darauf reiten, er war zu wild.

Als ich sie fragte, was Contigo im Spanischen bedeutet, sagte sie: *„mit Dir"*. Sie selbst hatte ihm diesen Namen gegeben, als er in die Niederlande kam. Ich wollte ihr gerne helfen, also gingen wir zu ihm, und schon schnell merkte ich, dass er sich kaum traute, etwas zu sagen. Was für einen Kummer fühlte ich bei diesem prächtigen, weißen Wallach. Aber wir bekamen Hilfe aus dem Jenseits, denn ein imposanter Hengst erschien. Er sagte, dass er Amante hieß und früher ein Pferd von Marjolein gewesen war. Er war gestorben und Marjolein verglich Contigo immer mit ihm.

Amante, auch ein Andalusier, war ein Hengst mit langer, wehender Mähne, groß und robust. Er war ihr Traum, den sie schon von klein auf gehabt hatte und der wahr geworden war – ihr großer Stolz. Ihm konnte Contigo nicht das Wasser reichen. Contigo war vor einem Jahr den ganzen Weg von Jerez de la Frontera in die Niederlande gebracht worden und Marjolein hatte extra einen Wallach gekauft, damit Tochter Jody auch darauf reiten konnte. Die Tatsache, dass in Spanien immer ein zehnjähriger Junge auf ihm ritt, war letztendlich ausschlaggebend für die Kaufentscheidung. Er kam nach einem vierzigstündigen Transport bei ihrem früheren Stall an, aus einem warmen Spanien in die kalten, winterlichen Niederlande, geschoren und ohne Decke.

Schon das ist eine üble Erfahrung für ein Pferd, doch dann wird es auch noch von seinem neuen Frauchen mit den Worten empfangen: *„Oje, ist der klein! Er ist überhaupt nicht wie Amante."* Nein, natürlich nicht, kein anderer ist so schön und gut wie Dein Hengst. Es gibt kein einziges Pferd auf der Welt, das Deinen

Liebling ersetzen kann, Marjolein! Du konntest ihn bloß nicht loslassen und ich wusste gleich, dass Du in Deinem Herzen sehr viel Liebe für Tiere trägst, auch für Contigo, und Gott sei Dank kam Amante, um uns das zu sagen.

Contigo war seit dem ersten Moment, als er Marjolein sah, sehr traurig. Er wusste, dass er ihr nicht gut genug war. Er fühlte sich klein und erniedrigt und entsprechend war auch sein Verhalten: gefährlich aufbäumen und herumrennen, ohne Bremse und Steuerung. Natürlich war es auch viel zu gefährlich für Jody, auf ihm zu reiten, und das ging nun schon ein Jahr so. Marjolein rief den Züchter an, um ihm zu sagen, wie viele Probleme sie mit ihm habe und dass sie ihn eigentlich zurückgeben wolle. Der Züchter konnte es nicht begreifen, denn sie hatten noch nie Probleme mit ihm gehabt, er war ein gutes Pferd. Also sah sie sich das erst noch einmal an. Sie investierte viel Vertrauen, und es wurde etwas besser, doch weiterhin gefährlich. Anschließend kamen sie zu unserem Stall und ich sage immer: *„Es gibt keinen Zufall!"*

Contigo begann auch zu sprechen. Er fühlte sich geschützt durch den Hengst, der sich für ihn einsetzte. Da war wirklich ein zehnjähriger Junge auf ihm geritten und das fand er schön. Dort war er ein schönes und gutes Pferd, aber diese Frau ärgerte sich über alles. Warum war er nicht gut genug? Mit Amante ging alles von selbst, mit Contigo nichts. Er wollte durchaus sein Bestes geben, doch er wusste tief in seinem Inneren, dass das niemals gut genug sein würde. Und was macht man dann? Jemandem Angst einjagen? Amante sagte, dass Contigo ab sofort die Nummer 1 sein müsse, denn das hatte er verdient. Ich werde nie den Blick in Marjoleins Augen vergessen. Sie weinte und für sie fiel nun der Groschen. Sie hatte diesem Pferd keine einzige Chance gegeben,

weil sie es immer mit ihrem großen Hengst verglich. Doch der war eben nicht mehr da, nicht hier – doch für immer im Herzen! Ab diesem Moment änderte sich alles. Sie konnte ihr Herz auch für Contigo öffnen, denn jetzt war die Liebe ebenso für ihn da. Endlich war die Bedeutung des Namens Contigo Wirklichkeit geworden – „mit Dir".

Jody und Contigo

Was für eine Last fiel da von ihren Schultern und was wurde Contigo gedrückt. Am nächsten Tag ist Marjolein reiten gegangen und Contigo lief großartig, sehr schön und sehr ruhig. Er ließ uns auch eine Probe spanischer Reitkunst sehen. Danach ging Jody rauf und er war lieb und vorsichtig mit ihr. Die beiden genossen es in vollen Zügen und tun es noch immer. Sie können jetzt alles mit ihm machen und Contigo genießt es am meisten, weil er jetzt der große Liebling ist. Danke, lieber Amante, dass Du Dich für ihn eingesetzt hast. Durch Dich bleibt „mit Dir" jetzt für immer bei Marjolein und Jody.

Dies ist eine wichtige Geschichte, die für Contigo Gott sei Dank gut ausging, und ich nehme ihn als Beispiel, denn er ist nicht der Einzige. Ich erlebe das sehr oft bei Reitern mit einem neuen Pferd, wenn das alte gestorben ist. Der Schmerz hält lange an, doch sei Dir stets gewiss, dass das neue Pferd Dein altes niemals ersetzen kann. Vergleiche sie nicht, sondern denke nur an die schönen Erinnerungen, die Du mit Deinem verstorbenen Liebling teilst, und halte sie in Ehren. Gib Deinem neuen Pferd eine Chance, denn es kann nichts dafür und sei Dir gewiss, dass Pferde so etwas fühlen. Ein Pferd will Verbundenheit mit Dir und Deine Liebe. Wenn Du gut an die Sache herangehst, bekommst Du dafür wieder eine neue Nummer 1!

Spitzensport

Nicht immer gibt es Zeit für schöne Geschichten, vor allem nicht in den Ställen der großen Profis, denn die Reiter und die Pferde müssen vor allem Leistung erbringen. Ich persönlich finde, dass sie ein sehr schweres Leben haben – den ganzen Tag im Sattel, so viele wichtige Turniere und immer unterwegs vom einen Land ins andere. Sie arbeiten sieben Tage die Woche, denn wenn das eine Pferd geritten war, steht schon wieder das nächste da. Auch die Pferdepfleger arbeiten hart, damit alles pünktlich bereitsteht. So steht jeder unter sehr viel Druck, was auch für die Familie zu Hause gilt, aber trotzdem höre ich niemals jemanden klagen. Sie sind alle verrückt nach Pferdesport.

Natürlich nicht nur die Reiter und ihre Pferdepfleger stehen unter diesem enormen Druck, die Pferde ebenso. Sie werden verwöhnt, super versorgt und mit allem Luxus ausgestattet, doch auch ein Spitzenpferd hat mal einen schlechten Tag oder eine schwierige Phase. Wenn ich gebeten werde, solche Pferde zu behandeln, geht es dem Besitzer darum, dass so ein Pferd sich wieder gut fühlt und ich finde es herrlich, das zu tun. Ich entferne Blockaden, leite allen Stress und die Abfallstoffe aus und bringe die Energie wieder ins Reine. Währenddessen halte ich ein Schwätzchen mit dem Pferd, sodass es auch mal alles rauslassen und seinen Kopf frei machen kann. Das ist wichtig. Diese Pferde müssen Geld verdienen für ihre Herrchen und die Sponsoren, um so die großen Ställe am Laufen zu halten. Man denke dabei auch mal an die Leistung eines guten Zuchthengstes.

Wenn ich zum ersten Mal in so einen Stall komme – egal ob im In- oder Ausland –, ist der Besitzer immer anwesend, denn er oder sie wollen natürlich sehen, wie ich arbeite. Während der Behandlung erzähle ich ihnen Dinge, die ich nicht wissen kann, und das ist für sie etwas Besonderes und sehr schön. Wenn sie mich ein paar Tage später anrufen, um mir zu sagen, dass das Pferd sich sehr gut macht, wird in der Regel gleich ein neuer Termin für ihre anderen Pferde vereinbart. Bei so einem zweiten Besuch werde ich meistens von einem festangestellten Pferdepfleger erwartet, der mir die Pferde bringt, denn in vielen Fällen ist der Besitzer oder Reiter schon wieder bei einem Turnier.

Meistens – und ganz sicher beim ersten Mal – stehen Menschen meiner Arbeitsweise skeptisch gegenüber. Natürlich mutet es auch seltsam an, doch wenn sie die Ergebnisse sehen, reagieren sie anders. Ich denke dann immer: *„Benimm Dich mir gegenüber normal und habe keine Angst vor mir, ich mache auch nur meinen Job."* Es ist schön, mit den Pferdepflegern zu arbeiten. So hören sie auch, was die Pferde über sie zu sagen haben. Und für sie ist es schön, das zu hören, und auch ich verlasse so einen Stall immer wieder fröhlich.

Bekannte Reiterinnen und Reiter haben viele Fans und ich habe auch so meine Favoriten. Doch manchmal höre ich Leute schlecht über sie reden: *„Oh, wie sie sich benimmt! Wie eingebildet, sie wollte nicht einmal mit mir auf das Foto. Was für ein arroganter Mensch."* Oder: *„Oh der, was für ein Tierquäler, der hat das Pferd so geschlagen."* Das finde ich schlimm. Natürlich gibt es bestimmt ein paar, die so sind, doch das sind seltene Ausnahmen. Mit solchen Leuten habe ich nichts zu tun und dann komme ich auch nicht zum Stall. Die meisten Menschen ahnen nicht, welchem Druck diese Reiter ausgesetzt sind, denn sie müssen Leistung zeigen für die Eigentümer, für die Sponsoren und auch für sich selbst. Und die Konkurrenz ist groß. Bei einem Reitturnier sind sie auf Wettstreit fokussiert, laufen mit höchster Konzentration und brauchen einen ruhigen Kopf, denn davon hängt sehr viel ab. Natürlich sind sie verrückt nach ihren Fans, doch durch den Druck, der herrscht, sind die Leistungen das Einzige, was dann zählt.

Es ist auch nicht immer gerecht, einen Reiter dafür zu verurteilen, wenn er ein Pferd schlägt. Im Lauf der Jahre habe ich viele berühmte Reiter kennengelernt. Sie trainieren hart mit einem bestimmten Pferd und tun dafür wirklich alles. Wenn genau dieses Pferd einen dann in einem Wettkampf sitzen lässt, zum Beispiel durch eine gefährliche Weigerung, kann es passieren, dass der Reiter ihm enttäuscht und verärgert einen Klaps gibt. Mit etwas Pech wird das dann im Fernsehen ausgestrahlt oder es wird darüber geschrieben. Es wird nicht dazu gesagt, dass diese Pferde ja teilweise in palastähnlichen Stallungen leben, mit Wellness für Tiere und luxuriöser Ausstattung. Sie haben es besonders gut und bekommen reichlich Liebe. Ich habe diese Menschen aus der Nähe kennengelernt und weiß, dass es gute Menschen mit einem Herz für ihre Tiere und den Sport sind.

Durch diese Reiterinnen und Reiter können wir wunderschönen Dressursport und die Spannung des Springreitens genießen. Wenn Du also bei einem großen Turnier bist und Du siehst einen Deiner Favoriten vorbeilaufen, dann lass ihn besser in Ruhe und gib ihm die Zeit, sich auf seinen Wettkampf vorzubereiten. Wenn der vorbei ist, nimmt er sich liebend gerne Zeit für Dich. In der Zwischenzeit können wir mit Freude und Spannung den Sport ansehen, denn sie tun das auch für uns!

Ich will ein Fohlen!

Eine meiner liebsten weiblichen Reiter ist die irische Star-Reiterin Jessica Kürten. Als ich sie zum ersten Mal zuhause in Deutschland besuchte, war sie genau so, wie ich sie mir vorgestellt hatte – im Parcours eine echte Kämpferin, doch zuhause eine Frau mit einem großen Herz für die Pferde, die sie reitet. Ich war überwältigt von den Ställen. Was waren diese groß! Sie waren fast genauso groß wie mein Wohnzimmer und alle Pferde standen auf einer dicken Schicht Stroh. Wenn Jessica vorbeiläuft, umarmt sie jedes Pferd – sie sind ihre Kinder. Und dann laufen da auch noch sechs Katzen herum, denn jeder Streuner, der angelaufen kommt, wird liebevoll aufgenommen und darf bleiben.

Es klickte sofort zwischen uns. Sie hatte mich gebeten, das Pferd Castle Forbes Libertina (Spitzname Libby) eine Entspannungsbehandlung zu geben. Libby fand das herrlich und war ganz und gar entspannt. Und Jessica freute sich, denn Libby hatte glückliche Augen.

Als ich dann ein bisschen herumlief, sah ich einen Fuchs auf dem Putzplatz stehen, der ununterbrochen zu Jessica schaute. Ich lief zu ihm hin, hielt ihn fest und gab ihm ein paar Küsschen. Das fand er herrlich. Jessica schaute sich das lachend an und die Pferdepfleger guckten verdutzt, weil ich bei diesem Pferd stand. Ich verstand das nicht. *„Das ist Castle Forbes Cosma. Toll, dass Du so mit ihr umgehen kannst."* *„Wieso denn?"*, fragte ich, *„Das ist doch eine Liebe."* Jessica antwortete: *„Sie hat einen ziemlichen Ruf, weil sie für andere gefährlich sein kann. Darum kümmere ich mich immer selbst um sie. Sie steht auch einzeln, weil sie jeden angreift, der vorbeiläuft, aber ich bin verrückt nach ihr."* Ich fand sie auch lieb, aber nach all den Geschichten ging ich doch mal lieber einen kleinen Schritt zurück. Cosma fasste dies als Beleidigung auf und ließ gleich ihre Zähne sehen. Wow, mit ihr musste man also wirklich aufpassen. Als ich sie später einmal im Fernsehen sah, hörte ich den Kommentator auch sagen, dass das ein gefährliches Pferd war. *„Sie frisst Dir den Kopf vom Rumpf."* Was für eine Reputation – aber sie gewannen!

Eines Tages – Jessica selbst war gerade irgendwo im Ausland – rief sie mich an und fragte mich, ob ich kurzfristig wegen Cosma kommen konnte. Sie war wohl sehr schlecht gelaunt in letzter Zeit, mehr noch als sonst. Ihr Mann war zuhause, um mich zu empfangen. Nach der ersten Tasse Kaffee und einem geselligen Gespräch mit ihrem Mann, gingen wir zu Cosmas Stall. Da stand sie dann in einem gigantisch großen Stall mit einem Pferd gegen-über als Gesellschaft. Cosma musste aus dem Stall geholt werden, aber Jessica war nicht da, und die Pferdepfleger waren alle inner-halb von Sekunden verschwunden.

Schließlich holte Jessicas Mann Cosma aus dem Stall und lief mit ihr zum Putzplatz. Ich hatte doch ein bisschen Bammel da-vor, sie zu behandeln. Wir hielten ihren Kopf mithilfe von einem Halftertau zur Seite, sodass sie mich nicht beißen konnte. Als ich gerade meine Hände auf sie legte, sagte sie sofort: *„Ich will ein Fohlen – und das schnell!"* *„Das geht jetzt nicht, Mädchen, Du hast noch eine prächtige Sportkarriere vor Dir"*, sagte ich. Cosma wurde böse. Sie begann zu stampfen und zu treten. In diesem Moment sah ich vor meinem geistigen Auge ein sich drehendes Babymobi-le, das ein Schlaflied spielte. Cosma sah das auch und wollte eines mit Schäfchen. Ich begann, das Schlaflied zu summen und Mada-me war sofort ruhig. Nun konnte ich sie endlich behandeln, aber sobald ich aufhörte zu summen, fing sie wieder an zu stampfen und versuchte erneut, mich anzugreifen. Nach einer halben Stun-de Summen habe ich ihr dann mal erzählt, dass sie in ihrem Stall auch so ein Babymobile bekommen würde. Wir brachten sie wieder in ihren Stall, doch Madame war immer noch böse. Sie biss in die Gitterstäbe. Die Schäfchen mussten singen!

Als Jessicas Mann sie anrief, erzählte er ihr die ganze Geschichte und was Cosma in ihrem Stall haben wollte. *„Nun, dann müssen wir das mal kaufen, denn was Cosma will, das passiert auch."*

Das muss man sich einmal vorstellen: Jedes Mal, wenn jemand an dem Stall vorbeilief, wurde an dem Babymobile gezogen und das Liedchen gespielt. Jessica hat echt viel übrig für ihre Pferde. Selbst die verrücktesten Wünsche werden erfüllt, solange es die Pferde glücklich macht. Sie haben zusammen viele Preise gewonnen. Wenn ich Jessica begegne, müssen wir immer kurz lachen wegen dieser verrückten Geschichte – was für ein Drache, die Castle Forbes Cosma, aber gleichzeitig auch so liebenswert.

Jessica Kürten

Untertop-Wettbewerbe – das Subtop

Es ist furchtbar schwierig, es im Reitsport bis ganz nach oben zu schaffen und zu den ganz Großen zu gehören. Es gibt viele Reiter, die sehr gut sind, aber eben gerade nicht das Stückchen „extra" haben, um an die Spitze zu kommen. Oder Reiter, die es doch haben, aber nicht das Glück, ein paar gute Pferde zu besitzen oder für einen anderen reiten zu dürfen. Doch auch diese Menschen müssen Geld verdienen – die Pferde, die sie für ihre Klienten reiten, müssen also erfolgreich sein. Dafür werden sie bezahlt.

Oft werde ich gebeten, ein oder zwei Tage vor einem Turnier ein paar Pferde zu behandeln, damit sie bessere Leistungen erbringen. Natürlich macht der Reiter die Arbeit, doch durch die Behandlung ist ein Pferd beim Wettbewerb lockerer, ruhiger und nicht so nervös oder schreckhaft. Oft werde ich auch gerufen, wenn ein Pferd nicht so stark wie sonst war. Das schmeichelt mir natürlich, doch einmal bin ich zu weit gegangen und habe einen Fehler begangen. Bei mir steht eigentlich das Tier immer an erster Stelle und das hatte ich für einen Augenblick vergessen. Aber da war jemand, der mich daran erinnerte.

Eine Kundin hatte ein wichtiges Turnier im Ausland. Vier Pferde mussten mit, darunter auch ein neues. Pferd Nummer eins ging es gut und ich bat sie, mir nun das neue Pferd zu bringen. Als ich es kommen sah, merkte ich, dass es absolut nicht sauber lief und erschrak. Sie brachte das Pferd zum Putzplatz und es krümmte sich vor Schmerzen, als ich seinen Rücken berührte. Es zog zu den Schultern hin. Das Pferd erzählte mir, dass es am Tag zuvor beim Springen sehr hart gefallen war. Ich dachte nur: *„Das kann morgen echt nicht mit. Das arme Tier muss sich erholen."*

Ich erzählte der Kundin, was ich fühlte und sie reagierte verwirrt, denn das Pferd musste mit. Der Besitzer des Pferdes übte viel Druck auf sie aus. Er wollte noch zwei weitere Pferde zu ihr bringen, doch dazu musste sie sich erst mit diesem beweisen. „Also gut", sagte ich, „ich probiere es noch mal." Ich drehte mich wieder zu dem Pferd um und erschrak erneut. Es stand links gegen die Mauer gedrückt und traute sich nicht mehr, sich zu bewegen, weil daneben noch ein anderes Pferd stand – kein lebendiges, sondern mein allerliebster Führer unter den Pferden: meine Sandy.

Sandy war sonst immer ruhig, heiter und liebevoll – aber jetzt nicht, sie war böse auf mich. Das Pferd hatte Angst, es fühlte die Anwesenheit von Sandy und begann, nach dem Pferd aus der Geisterwelt zu treten. Ich bat Sandy, zur Seite zu gehen, weil das Pferd Angst vor ihr hatte, doch in dem Moment machte Sandy mir etwas klar. Sie sagte: „Erinnerst Du Dich an unsere Abmachung? Gehst Du jetzt Pferden helfen, um einem Besitzer zu gefallen oder für Geld? Dieses Pferd hat Schmerzen – bei so etwas arbeite ich nicht mit! Wir hatten abgesprochen, sauber zu arbeiten und Du brichst die Regeln. Wenn Du das hier durchziehst, siehst Du mich nie wieder."

Am liebsten wäre ich im Erdboden versunken. Sie hatte ja Recht, was machte ich hier? So bin ich nicht, denn normalerweise würde ich sagen: „Dieses Pferd kann nicht mit, fertig!" Doch ich wollte meiner Kundin helfen und somit das Pferd mit Schmerzen springen lassen. Mir wurde eisig kalt und ich kannte diese Kälte. Doch wie sollte ich ihr das erklären? Ich sagte ihr dann, dass dieses Pferd nicht mit könne und es sich vorläufig erholen müsse. Leider hörte sie nicht auf mich und entschied anders. Ein paar Tage später rief sie mich aus dem Ausland an. Das Pferd war schwer gelähmt und musste sofort in die Klinik in den Niederlanden gebracht werden.

Das Gute daran ist, dass dieses üble Ereignis dazu geführt hat, dass sie jetzt ganz anders mit ihren Pferden umgeht und dadurch viel bessere Ergebnisse erzielt. Ich habe in diesem Leben hier auf dieser Erde sehr viel von Sandy gelernt – die Liebe, ihre Kraft, die Freude. Sie ist schon so viele Jahre im Jenseits, doch selbst jetzt noch immer an meiner Seite.

Ein neues Herrchen

Eines schönen Tages hatte ich einen Termin bei einem Ehepaar, bei dem auch der fast achtzehnjährige Sohn mit dabei war. Sein Pony war in letzter Zeit sehr gestresst, weshalb es innerhalb kürzester Zeit allerlei Flecken an seinem Körper bekommen hatte. Es schien eine Art Pilz zu sein, doch die Blutuntersuchung durch den Tierarzt ergab nichts dergleichen, es war gesund. Es war ein elf Jahre altes, großes, starkes D-Pony (zirka 140 cm groß). Der Sohn, Niels, hatte es schon seit sieben Jahren und es war ein zuverlässiges und vor allem ein sehr braves Pony.

Normalerweise mache ich ein Pferd am Putzplatz an zwei Seiten fest und möchte nicht, dass es dann noch angefasst wird, auch nicht vom Eigentümer, weil ich sonst auch dessen Energie dazubekomme. Doch jetzt ließ ich Niels das Pony am Halfter festhalten, weil ich die Energie von beiden fühlen wollte. Warum? Manchmal merke ich, dass ich getestet werde. Die Menschen wollen mir dann absolut gar nichts über ihr Tier erzählen und erwarten von mir, dass ich alles einfach so sagen kann, und oft ist das dann auch so. Sie machen dicht, um zu sehen, was diese „Tierflüsterin" (also ich) zu sagen hat. Das fühlte ich auch bei Niels – nichts erzählen, sondern abwarten. Okay, prima!

Ich gab ihm die Longierleine und hielt das Pony selbst fest. Das Eis war dann schnell gebrochen und schon bald sprach ich in meinem Kopf mit dem Pony. Es sagte, dass es verkauft werden solle, weil Niels studieren werde und er außerdem zu groß wurde. Ich fragte Niels, ob das wahr wäre und er begann zu weinen. Er fand es furchtbar, doch er konnte auch sehr gut lernen und wollte etwas erreichen in seinem Leben. Und ein Pony und alles, was dazugehört, kostet sehr viel Geld und Zeit, die er nicht haben würde. Niels sagte weinend: *„Wir können es nicht verkaufen. Ich bin* *der Einzige, der darauf reiten kann. Es ist sehr stark. Es waren schon ein paar Käufer da, aber jedes Mal, wenn die Kinder auf ihm reiten, schmeißt es sie herunter. Wir wollen nicht, dass ein Kind verunglückt."*

Sie waren ratlos. Das Pony war erst elf Jahre alt, hatte gute Papiere und sie wollten sehr gerne ein gutes Zuhause dafür finden. Es ging ihnen nicht ums Geld, doch die Entscheidung war getroffen, es musste verkauft werden! Allerdings war sein Verhalten echt gefährlich. Als Niels ausgeredet hatte, begann das Pony zu reden. Es stampfte mit seinem Vorderbein und sagte: *„Sie können mich schon verkaufen, aber Du musst die Frau überzeugen. Ich will zu dem Jungen, der ist lieb, und da habe ich ein gutes Zuhause. Es ist hier in der Nähe. Er braucht mich, und das finde ich schön – jemand, der mich braucht. Niels lügt. Der Junge kann wohl auf mir reiten, ich würde ihm nie etwas tun. Aber der Kauf kommt nicht zustande, weil ich von dem Stress Ausschlag bekommen habe, von all der Zeit, die das schon so geht und ich zum Verkauf stehe. Die Mama von dem Jungen will erst wissen, was es ist, weil sie Pferde hat, mit denen ich mich anfreunden kann, und sie Angst hat, dass es ansteckend ist."*

Es stampfte wieder und sagte nochmals: *„Ich will dorthin. Mir ist es hier viel zu groß und zu unruhig. Dort ist es schön ruhig und der Junge braucht mich, denn er ist ein bisschen krank."* Als ich erzählte, was ihr Pony gesagt hatte, waren Niels und seine Eltern verblüfft. Es war wahr, vor zwei Wochen war eine Frau mit ihrem Sohn dagewesen. Dieser war leicht autistisch und war sofort total begeistert von dem Pony und war auch tatsächlich auf ihm geritten, hatte sogar einen Sprung gewagt, und das Pony war super brav gewesen. Der Junge hatte es gebürstet und gestreichelt, war mit ihm spazieren gegangen und seine Mutter bekam ihn fast nicht mehr mit nach Hause.

Sie hatte jedoch Angst wegen der Flecken – Angst, dass ihre anderen Pferde sich anstecken könnten. Sie wollte mit hundertprozentiger Sicherheit wissen, dass es nicht ansteckend war – auch im Interesse ihres Sohnes, denn sie wollte nicht, dass er traurig wurde, wenn sie das Pony vielleicht wegen Krankheit wieder weggeben müssten. Das würde der Gesundheit ihres Jungen schaden, denn Tiere sind wichtig bei Autismus, das ist schon lange bewiesen. Der Tierarzt konnte nichts finden, dennoch traute sie sich nicht, das Risiko einzugehen. *„Geh Du dahin!"*, sagte das Pony zu mir. Pferde können ganz schön aufdringlich sein, denn ich mische mich nie bei einem Verkauf ein, doch ich hatte das Bild von diesem lieben Pony und dem glücklichen Jungen schon deutlich vor Augen. Ich musste etwas tun.

Ich bat Niels' Mutter, die Dame anzurufen und mir dann das Telefon zu geben. Sie zögerte kurz, denn was sollte man der Dame sagen? *„Hallo, unser Pony hat Flecken vom Stress und will zu Deinem Sohn, weil das hat es gerade einer Frau erzählt, die sich hier mit ihm unterhält?"* Doch Niels Mutter war überzeugt und griff zum Telefon, erklärte der Dame, was passiert war und was das Pony gesagt hatte. Sie wollte mit mir sprechen und ich erklärte ihr, wie ich arbeite, und dann bekam ich sehr viel Hilfe aus der geistigen Welt. Ihre verstorbene Oma meldete sich plötzlich und gab mir sehr viele Details: ihren Taufnamen, dass sie nach ihrer Oma benannt und woran diese gestorben war, wie alt sie geworden ist, welchen Ring ihrer Oma sie trug und noch vieles mehr. Ihre Großmutter war ihre zweite Mutter und sie hatte sehr lange bei ihr gewohnt. Und dann hatte ich eine weinende, aber auch glückliche Frau an der Strippe. *„Oh, wie schön!"*, sagte sie. *„Ich* *war so verrückt nach meiner Oma, und ich war sehr froh, dass sie unseren Sohn noch in den Arm nehmen konnte."* Ich fragte sie, ob sie noch zweifle? *„Nein!"*, antwortete sie. *„Mein Mann kommt gleich nach Hause und dann werde ich mit ihm reden. Ich will dieses Pony haben. Meine Oma ist nicht umsonst gekommen. Sie wollte immer nur das Beste für mich. Mein Sohn ist schon seit zwei Wochen sehr still und wieder zurückgezogen, seit wir bei dem Pony gewesen sind."* Sie dankte mir von Herzen und wir verabschiedeten uns. *„Nun"*, sagte ich zu dem Pony, *„das werden spannende Stunden für Dich und Niels."* *„Ganz und gar nicht."*, erwiderte es. *„Morgen werde ich abgeholt. Ich bin so froh, dass ich dorthin komme."* *„Aber das wissen wir noch nicht. Vielleicht will ihr Mann es nicht"*, meinte ich. *„Oh doch!"*, bekam ich zurück, *„Morgen werde ich da stehen. Was werde ich da Ruhe bekommen, hier ist es viel zu hektisch."* Der Stall war schon toll, aber tatsächlich auch sehr groß.

Ich habe mich zusammen mit Niels und seinen Eltern hingesetzt und lange mit ihnen geredet. Es ist wirklich nicht einfach, ein Pony zu verkaufen. Niels sagte, dass er froh sei, wenn es zu dieser Familie kommt, für ihn fühlte sich das auch sehr gut an. Die Stunden vergingen wie im Fluge und ich musste gehen. Ich bat ihn, mich auf dem Laufenden zu halten, weil ich sehr neugierig war, wie die Geschichte weiterging. Ich saß etwa eine halbe Stunde im Auto, als Niels Mutter bereits anrief – sehr nervös. Der Vater des Jungen kam das Pony schon am nächsten Tag holen. Meine Geschichte hatte ihn überzeugt. Er fand es nicht merkwürdig, sondern wunderschön. Er hatte auch noch mit Niels gesprochen und ihn gefragt, ob ihm das alles zu schnell ginge, doch es war schon in Ordnung. Ich war sehr froh und würde noch von ihnen hören.

Und drei Wochen später riefen sie mich an. Die Flecken waren weg. Das Pony hatte einen schönen großen Stall neben einer Stute, die es sehr gerne mochte. Der Junge war überglücklich mit dem Pony, er konnte alles mit ihm machen. Er hatte sogar eine Liege vor seinen Stall gestellt, weil er so gerne bei dem Pony schlafen wollte. Und seine Eltern sagten, dass dieses Tier Genesung brachte. Ihr Junge war viel offener, sprach und lachte mehr, war glücklich und zufrieden! Was für ein fantastisches Pony das war! Es warf jedes andere Kind herunter, weil es wusste, dass es ein anderes Kind, das es wirklich nötig hatte, glücklich machen konnte. Und Niels? Der durfte so oft zum Reiten kommen, wie er wollte. Inzwischen soll er ein guter Anwalt geworden sein.

Zum Schluss noch ein Wort des Dankes an die liebe Oma, die vom Jenseits aus ihrer Enkelin und ihrem Urenkel zur Hilfe kam. Was wäre wohl aus diesem Pony geworden, wenn sie nichts gesagt hätte?

Impulsive Ankäufe

Für mich ist jedes Pferd wichtig, ob es jetzt eine Million kostet oder 100 Euro, das ist mir egal, doch jetzt will ich mich für die kleinen einsetzen. Ich rede von Shetlandponys. Das sind keine „Spielzeug-Ponys" für Kinder, sondern mit die ältesten und stärksten Pferde, die es gibt. Als ich Sandy nicht mehr hatte, fühlte ich mich sehr leer, denn wir hatten zwar ein Pferd, aber das gehörte unserer Tochter. Durch diverse Körperschäden konnte ich nicht mehr damit reiten und ich vermisste es sehr, mich um jemanden zu kümmern.

Sehr lange habe ich darüber nachgedacht, und dann wusste ich es. Ich wollte ein Shetlandpony, am liebsten ein geschecktes und so klein wie möglich. Ich hörte mich um, wo ich ein solches am besten kaufen konnte – am liebsten bei einem guten Züchter, denn ich wollte ein gesundes Shetty. An einem Samstag ging ich mit meiner Tochter los, um nach meinem zukünftigen Shetlandpony zu suchen. Zudem war ich gewarnt. *„Bezahl nicht mehr als 200 Euro. Mehr sind sie echt nicht wert."* Auf dem Gelände des Züchters wurde ich nicht wirklich fündig, aber er hatte noch einen Acker voller Jährlinge, also gingen wir dorthin. Sie liefen weit hinten auf dem Acker, bestimmt vierzig Stück. Der Züchter klapperte mit einer Blechdose Trockenfutter und die ganze Herde kam angerannt – außer einem, ein kleiner, gescheckter. Der lief zu mir. Es war Liebe auf den ersten Blick. Das war sie also, meine liebe, kleine Kylie. Ich guckte nicht mehr nach anderen – diese wollte ich!

Im Verhandeln bin ich nicht besonders gut, fragte aber noch, ob sie Papiere hatte. *„Nein? Ach, das ist mir egal. Was kostet sie?"* *„1.000 Gulden"*, sagte der Züchter. Wir hatten damals gerade den Euro, und er und ich konnten nicht wirklich in Euros denken.

Meine Tochter allerdings schon. *„Bist Du verrückt? Ein Shetty für 450 Euro? Ohne Papiere? Ganz bestimmt nicht!"*, sagte sie. Aber er ging nicht runter. *„Komm mal mit, Mama."*, sagte sie. *„Das ist lächerlich, wir gehen besser woanders hin."* Auf gar keinen Fall! Ich hatte sie schon Kylie genannt und sie hatte mich auserwählt.

„Bring Sie direkt her!", sagte ich zu dem Mann. Meine Tochter war sehr verärgert: *„Das ist verrückt, Mama. So viel Geld für einen Shetty. Papa ist stocksauer, wenn er das hört."* Ich musste lachen. Ich kenne meinen Mann sehr gut. Er brauchte sie nur zu sehen. Wir fuhren hinter dem Anhänger her, in dem Kylie sich befand, zum Stall. Mein Mann wartete schon. Ich hatte den Züchter schon bezahlt und bat ihn, meinem Mann nichts davon zu sagen. Jim sah unsere kleine Kylie und sagte: *„Oh, was für ein Schätzchen, wie niedlich. Ich laufe mal kurz mit ihr."* Kylie benahm sich vorbildlich und machte nicht einen falschen Schritt. Wir streichelten und liebkosten sie, als Jim irgendwann fragte: *„Sag mal, was hat sie denn gekostet?" „1000 Gulden."*, sagte ich ganz leise. *„Oh"*, sagte er, *„das ist aber auch ein liebes Tier."* Lachend rief ich meiner Tochter zu: *„Siehst Du, ich kenne Deinen Vater!"* Meine kleine Kylie hat nie getreten oder gebissen. Sie war mehr als perfekt für ein Shetlandpony. Die Kinder vom Stall flehten mich an, sie putzen zu dürfen, sie lief mit rosafarbenen Schleifchen in ihrer Mähne und ihrem Schweif herum und kam sogar mit zur Schule für Vorträge. Endlich hatte ich wieder etwas für mich!

Eines Tages wollten Jim und ich schön zusammen ausgehen, eben mal zusammen weg. Wir würden noch sehen, wo uns das hinführte. Wir hatten damals einen Mercedes-Bus und fuhren gerade durch ein schönes Dorf, als Jim auf die Bremse trat. *„Guck mal, wie traurig!"*, sagte er. *„Der kleine Shetty wird von den großen Pferden getreten und gebissen. Ich gehe da jetzt sofort hin!"* *„Mach* *das nicht!"*, sagte ich. *„Das ist ein christliches Dorf, und es ist Sonntag, da klingelt man nicht." „Ich bin auch Christ"*, sagte mein Mann, *„und das kann wirklich nicht so weitergehen."* Er klingelte bei dem Bauernhof. *„Was wollen Sie für das Pony haben?" „100 Euro."*, sagte der Mann. *„Prima, können Sie mir etwas Stroh geben für den Bus? Dann nehme ich ihn sofort mit."*

Was war der stark! Wir bekamen diesen Fuchs von nicht einmal einem halben Jahr fast nicht in den Bus. Wir fuhren zurück zum Stall. Dahin war der schöne Tag zusammen mit meinem Mann, denn wir hatten ein kleines Monster hinten im Bus.

Jim war sehr erfüllt von seiner Rettungsaktion. Sie war sein kleines Kind und darum musste sie Kinny heißen. Beim Stall angekommen, sprang sie aus dem Bus. Ich hatte sie gerade noch am Halfter erwischt und bekam sofort ein paar harte Tritte. Auch Jim trat sie, wo auch immer sie ihn erwischen konnte. Inzwischen lief ich schon mit einem dicken Knie herum. Musste ich dieses kleine Monster wirklich zu meiner lieben, braven Kylie stellen? Der Gedanke gefiel mir überhaupt nicht. Wir hatten im Stall eine ruhige Herde Shettys und da musste dieser Drache hin. Ich konnte nur hoffen, dass das gut ging. *„Wenn sie Kylie auch nur einen Tritt gibt, dann bringst Du sie sofort zurück!"*, sagte ich ärgerlich. Kinny lief auf den Acker und geradewegs auf Kylie zu. Sie rieben ihre Mähnen aneinander und ab da waren sie unzertrennlich.

Jeden Tag wollte ich mich mit Kylie beschäftigen – putzen, spazieren gehen –, denn auch ein Shetty braucht Pflege und Aufmerksamkeit. Kinny würde ich schon noch erziehen. Doch schon nach einer Woche hatte ich blaue Beine von all ihren Tritten – was für ein elendes Aas. Selbst der Stallbesitzer begann schon, sich zu beschweren und sagte, dass sie weg musste, wenn sie sich nicht änderte. *„Notfalls bringe ich sie selbst weg!"*, drohte er. Mein ruhiges Leben mit Kylie war vorbei. Jetzt, da Kinny da war, hatte ich vier Paar Hände nötig. Sie lief durch jeden Elektrozaun und trat alles und jeden. Sie lief über die Steintreppe in die Kantine, warf dort alles um und raste wieder genauso schnell die Treppe hinunter, um dann – durch alle Elektrozäune hindurch – Kylie zu besuchen.

Meinen Mann sah ich nur wenig bei Kylie und Kinny. Ich verstand schon warum, aber mir raubte es den Schlaf. Als Kinny vierzehn Monate alt war, bekamen die beiden Druse, eine ansteckende Schleimhautentzündung. Bei Kylie ging es wieder weg, aber bei Kinny wurde es immer schlimmer. Wir holten den Tierarzt hinzu. Es saß sehr tief und ihr Kopf war angeschwollen. Sie bekam entsprechende Medizin und wir hofften, dass sie anschlagen würde. Kinny war so bemitleidenswert, dass ich zum ersten Mal etwas für sie empfand.

Am Freitagabend saßen wir zusammen vor dem Fernseher. Es war 23 Uhr. *„Kinny stirbt, ich sehe es vor mir. Sie erstickt."*, sagte ich zu Jim. Wir rannten zu unserem Bus und rasten zum Stall. Da lag sie auf dem Boden beim Zaun. Kylie stand traurig daneben. Wir hoben Kinny in den Bus und fuhren sofort zur Klinik. Sie war ein Häufchen Elend – unser Monsterchen starb. Mein Mann fragte die Ärzte: *„Wie hoch ist die Überlebenschance?"* *„Ein Prozent."*, wurde nach der Untersuchung gesagt. Ich stimmte zu, sie einschläfern zu lassen. *„Auf gar keinen Fall!"*, sagte mein Mann. *„Das lasse ich nicht zu. Helfen Sie ihr mal."* *„Aber das Pony ist sehr krank, es überlebt das nicht. Haben Sie über die Kosten nachgedacht?"* Mein Mann wurde wütend. *„Das ist mir egal."*, sagte er. *„Ich lasse meinen Hund doch auch nicht einschläfern, nur um Geld zu sparen. Helfen Sie ihr – sofort!"*

Kinny wurde operiert und danach alleine in der Druse-Abteilung untergebracht, wo sie insgesamt noch zwei Wochen lag. Sie konnte kaum stehen und jeden Tag bekam sie Antibiotikaspritzen in ihren dünnen Leib. Dann wurde sie zum zweiten Mal operiert. Dieses Mal bekam sie eine Röhre in ihren Hals, aber auch das half nicht. Es folgte eine dritte Operation. Da stand sie, mit Schläuchen in ihrer Nase. Sie war schon vier Wochen ganz und gar alleine und ich muss der niederländischen Klinik „De Uithof" für die optimale Versorgung ein großes Kompliment aussprechen. Sie taten alles, um es ihr so bequem wie möglich zu machen, und wir durften sie besuchen, so oft wir wollten.

Durch diese intensiven Besuche klickte es zwischen dem kleinen Monster und mir. Ich konnte sie zum ersten Mal richtig schön festhalten und streicheln. Ich versuchte, ihr zu helfen, indem ich meine Hände auf sie legte. Dadurch wurde sie sehr ruhig und entspannt, und zum ersten Mal sprach sie mit mir. Ihre ersten Worte werde ich nie vergessen. *„Mama, muss ich wirklich niemals von Dir und Kylie weg?" „Nein, mein Schatz"*, sagte ich, *„niemals." „Muss ich auch niemals mehr bei großen Pferden stehen? Davor hab ich solche Angst. Eine Woche bevor Ihr kamt, wurde meine Mutter verkauft, und ich wurde so von ihnen geärgert und gebissen."* Jetzt erst begriff ich ihr Verhalten.

Woche fünf in der Klinik brach an. Kinny hatte sich erholt, aber die Ärzte waren sich nicht sicher, was das Beste für sie war. Würde sie selbstständig atmen können, wenn sie den Schlauch aus ihrem Hals holten? Ich fand, dass es lange genug gedauert hatte für Kinny. Sie war die ganzen Spritzen satt. Schließlich bin ich zu dem Arzt gegangen und habe gesagt, dass ich alles raus haben will, noch am selben Tag. Sie fanden, dass ich ein großes Risiko einging, aber das traute ich mir zu. Wenn Kinny anfangs nur ein

Prozent Überlebenschance hatte und daraufhin drei Operationen überstand, dann war sie jetzt auch stark genug, selbstständig zu atmen. *„Gut"*, sagte der Arzt, *„ich rufe ein Team zusammen und dann holen wir alles raus."*

Kinny sah die Ärzte in ihren Stall kommen und reagierte sofort gestresst. Innerhalb von einer Minute war sie tropfnass geschwitzt. *„Lass mich ihr kurz erklären, was passieren wird."*, sagte ich zu dem Arzt. Ich erklärte ihr, dass ich dabei bleiben würde und sie mit mir zusammen atmen musste. Ich hielt sie fest, als sie den Schlauch vorsichtig aus ihrem Hals herausholten, legte sofort meine Hand auf das Loch und sagte: *„Komm, Kinny, atme!"* Ich war selbst am Schnaufen, als ob ich Wehen hätte, aber sie atmete. Eine ganze Weile habe ich so dabeigesessen, und als ich meine Hand wegnahm, war da nur noch ein sehr kleines Loch übrig. Kinny war sehr erleichtert und die Ärzte auch, weshalb sie Kinny „das kleine Wunder der Klinik" nannten. Schon am nächsten Tag durfte sie nach Hause zu Kylie, die schon seit fünf Wochen nervös war und außer sich vor Sorge.

Den Moment, als wir im Stall ankamen, hätte ich filmen sollen. Kinny konnte nicht mehr wiehern, ihre Stimmbänder waren kaputt, aber Kylie schrie die ganze Menge zusammen. Es war wie in einem dieser dramatischen Zeichentrickfilme – zwei Freunde, die sich nach einer sehr langen Zeit wiedersehen. Sie waren wieder zusammen und Kinny wurde wieder gesund. Sie war ein dicker Klops, aber vor allem auch sehr lieb. Doch war all dieses Elend nötig gewesen, um so ein liebes Pferd zu bekommen?

Ich bin Jim noch jeden Tag dankbar dafür, dass er die Entscheidung traf – dann lieber ein paar Cent ärmer. Wir hatten dafür einen Schatz bekommen. Ich finde auch, dass Shettys ein

Recht haben auf ein Dach über ihrem Kopf und einen trockenen, warmen Platz, wo sie schlafen können. Sie gehören nach draußen, aber sie sollten die Möglichkeit haben, vor Wind und Regen Schutz zu suchen. Wir zogen deshalb in einen anderen Stall um, wo wir sie reinbringen konnten, wenn das Wetter zu schlecht war.

Es ging fantastisch mit den Pferden – bis das Schicksal zuschlug. Kylie bekam Hufrehe (Laminitis) und ihre Sesambeinchen am Großzehengelenk brachen. Ich habe verschiedene Tierärzte dazugeholt und alles probiert: Sie bekam starke Schmerzmittel, und ich wurde bald verrückt, weil sie einfach nur noch da lag. Das war Tierquälerei. Tatsächlich wartete ich viel zu lange, weil ich nicht wollte und auch nicht glauben konnte, dass ich Kylie einschläfern lassen musste – aber es musste sein, mein schönes, gescheckentes Püppchen. Ich redete mit meinen zwei Kleinen. Kylie wollte gerne gehen, denn sie hatte sehr starke Schmerzen. Aber Kinny drehte fast durch. Die todkranke Kylie beruhigte Kinny und sagte, dass sie stark sein müsse und sie auch immer auf sie aufpassen würde. Kinny legte sich neben Kylie. Kylie hatte noch einen Wunsch. Am nächsten Tag, Samstag um 11 Uhr, sollte der Tierarzt kommen und sie wollte vorher noch ein letztes Mal zusammen mit Kinny so schnell wie der Wind über den Acker rennen. Ich sagte, dass wir das machen würden.

Die ganze Nacht habe ich bei ihnen gesessen. Morgens um 9:30 Uhr gab ich ihr ein Schmerzmittel – 1500 ml Metacam. Für einen Shetty von 160 Kilo ist das sehr viel, aber sie wollte noch ein einziges Mal mit Kinny rennen. Als das Schmerzmittel seine Wirkung zeigte, stand sie auf. Ich brachte sie zur Weide und was sind sie gerannt, nebeneinander. Das war ihr Abschied. Nach einer halben Stunde konnte Kylie nicht mehr, und ihre Beine sackten weg. Kinny leckte ihr Gesicht, ließ den Kopf hängen und lief weg – weg von ihrer Kylie. Der Tierarzt war inzwischen da und ließ sie einschlafen. Wir haben sie auf einer Insel begraben, die ich mit weißen Rosen bepflanzte.

Die letzte gemeinsame Party...

Kinny lief danach traurig umher und wollte von den anderen Pferden nichts mehr wissen. Sie war depressiv. Und dann kam noch eine weitere Sorge hinzu. Der Bauernhof musste verkauft werden. Doch wo sollte ich hin? Kinny hatte dann zur Überbrückung bei zwei weiteren Adressen bei lieben Menschen gestanden, die ich durch meine Arbeit kannte, doch die wohnten viel zu weit weg, weswegen Kinny mich nicht mehr jeden Tag sah. Sie siechte mehr oder minder dahin und wollte nicht mehr aufstehen. Man rief mich deshalb an: *„Hol sie bitte ab, sonst stirbt sie."*

Wir sind alles abgefahren, aber nirgends fand ich in der Nachbarschaft einen geeigneten Platz für einen Shetty. Eines Tages traf ich an der Tankstelle in unserem Dorf einen ehemaligen Nachbarn, den ich schon seit Jahren nicht mehr gesehen hatte – auch ein Pferdemann. Ich fragte ihn, ob er Platz hatte. *„Nein, aber mein Nachbar Anton schon. Geh da gleich mal hin, ich rufe ihn an."* Von unserem Haus aus brauchte man nicht einmal zehn Minuten, um dorthin zu kommen – ein Stall mit viel Acker und lieben Mädchen. Und Kinny konnte dort tatsächlich unterkommen – Gott sei es gedankt – und seit diesem Moment wieherte sie auch wieder. Von nun an kam ich wieder jeden Tag zu ihr. Kinny hat hier jetzt schon seit Jahren ein großartiges Leben. Glaub es oder nicht: Ihre größte Freundin ist Scevian, ein schönes, großes Pferd. Kinny hatte zuvor immer so eine Heidenangst vor großen Pferden, aber nach Scevian ist sie total verrückt. Sie steht mit einer Herde großer Pferde und ein paar Shettys auf dem Acker. Inzwischen ist sie schon seit zehn Jahren „unser kleines Monster". Sie ist mein ein und alles – und meine Zuflucht, um sie, den Stall und die lieben Freundinnen zu genießen.

Kylie war ein wohl überlegter Kauf, Kinny nicht. Weil wir ein Tier niemals aufgeben, bin ich jetzt glücklich mit dem, was ich habe. Überlege es Dir tausendmal, wenn Du aus einer Laune heraus einen Shetty kaufen willst. Auf dem Markt kann man sie schon für 50 Euro kaufen, aber dann beginnt das „Elend". Ein Shetty ist eigensinnig und tut, was er will. Sie laufen überall durch, sind bärenstark und können treten und beißen, deshalb ist es wichtig, sie von Anfang an zu erziehen. Auch sie haben ein Leben lang Versorgung nötig. Die Kleinen bekommen oft viele verschiedene Eigentümer, und das haben sie nicht verdient. Ein Pferd ist ein Tier mit einem Herz und einer Seele und nicht eine neue Couchgarnitur, die man wegtun kann, wenn man sie satt hat.

Liebe Kylie, liebe Kinny, ich hoffe, dass vielen Menschen durch diese Geschichte bewusst wird, wie einzigartig Ihr seid und wie viel Liebe wir von Euch bekommen, und ich hoffe, dass Menschen nachdenken – gut nachdenken –, bevor sie die Entscheidung treffen, ein Pferd zu kaufen.

Paulien mit Kinny

Was bedeutet es für ein Pferd, umzuziehen?

Es kann passieren, dass man durch bestimmte Umstände mit seinem Pferd in einen anderen Stall umziehen muss, z.B. weil der Stalleigentümer aufhört, oder man eine bessere Ausstattung will oder es einem einfach nicht gefällt. Dann sucht man, bis man etwas findet, was einen anspricht. Das bedeutet, dass man sich an alles Neue gewöhnen muss, aber das Pferd auch: eine neue Umgebung, andere Menschen, andere Regeln. Irgendwann hat man sich daran gewöhnt, aber wie sieht es mit dem Pferd aus? Pferde sind schreckhafte Tiere. Ein neuer Blumentopf oder ein fremder Stuhl können für ein Pferd beängstigend sein, also läuft es weg. Aber meistens hat sich auch das Pferd nach ein paar Wochen an den neuen Stall gewöhnt und man kann wieder entspannt genießen.

Dennoch wird mir immer wieder die Frage gestellt: *„Ist mein Pferd hier glücklich?"* Wenn ich mich dann umschaue und ich sehe das Pferd in einem geräumigen, sauberen Stall stehen, mit Weide, Pferdeauslauf und guter Reitbahn, und da herrscht eine schöne Atmosphäre, dann sage ich: *„Ja, natürlich ist es hier glücklich."* Jedoch hat Umziehen auf viele Pferde einen großen Einfluss. Sie sind nach einem Umzug oft nicht mehr wiederzuerkennen. Sie können störrisch und schlecht gelaunt sein, nicht mehr laufen wollen und ein ganz anderes Verhalten an den Tag legen, und man kann es sich nicht erklären. Oft kommt dann nach einiger Zeit ein Tierarzt vorbei, der aber nichts finden kann. Das Pferd ist gesund, doch man sitzt da und macht sich Sorgen. Oft werde ich dann angerufen, weil die Besitzer nicht herausfinden können, was mit dem Pferd los ist, und obwohl man selbst schon lange nicht mehr an den Umzug denkt, kann dieser noch immer einen Einfluss auf ein Pferd haben.

Wenn ich ein Pferd behandle, sagt es mir in der Regel sofort, was los ist. Das können Kleinigkeiten sein. In seinem vorherigen Stall bekam es beispielsweise dreimal am Tag Heu, hier nur zweimal. Das Futter kommt zu anderen Zeiten. Im vorherigen Stall konnte es mit seinem Kopf nach draußen schauen, hier nicht. Es ist zu viel los oder zu ruhig – es kann alles Mögliche sein. Empfindliche Pferde können solche Dinge oft nicht gut verarbeiten. Wenn Du Dir dessen bewusst bist und Du siehst eine Veränderung bei Deinem Pferd, bedenke dann, was in diesem neuen Stall alles anders ist im Vergleich zum alten.

Während der Behandlung spreche ich mit dem Pferd und frage es, was das Problem ist. Wenn ich das erfahren habe, probiere ich, es ihm auszureden. Es muss die Vergangenheit vergessen und wieder sein liebevolles Herrchen und einen guten Stall genießen, fressen und wieder an die Arbeit gehen – genauso wie zuvor. Meistens höre ich ein paar Tage später, dass es ihm wieder sehr gut geht, was meine hier getätigten Aussagen bestätigt.

Selbst ein Umzug in eine andere Box in ein und demselben Stall kann auf ein Pferd einen großen Einfluss haben. Ein schönes Beispiel ist ein Pferd aus dem Stall von Grand-Prix-Springreiter Jur Vrieling. Er ist ein großartiger Reiter, aber vor allem auch ein sehr warmherziger Mensch. Als ich zum ersten Mal zu Jurs Haus in Holwierde kam, wurde ich dort überaus gastfreundlich empfangen. Jur hat ein fähiges Team von Pferdepflegern, von denen jeder sofort zur Stelle ist. Zusammen sind sie eine gesellige Familie und arbeiten alle hart und mit viel Liebe für die Pferde.

Jur hatte damals Probleme mit seinem internationalen Springpferd Twin-Twin, das inzwischen auf dem Putzplatz auf mich wartete. *„Twin-Twin hat so viele Prüfungen bestanden, macht jetzt* aber immer einen Fehler und scheint zur Zeit nicht glücklich zu sein.", erzählte mir Jur. In Twin-Twin habe ich mich sofort verliebt. Sein Benehmen – einfach großartig! Ich bin eine echte Utrechterin, und das könnte Twin-Twin auch sein. Was für ein Mundwerk! Ich hatte ihn kaum berührt, da war er mir schon böse!

„Was denkt er sich denn dabei, mich von meiner Freundin, dem Schimmel, wegzuholen? Ich stand schön in einer Außenbox, neben ihr, und ich konnte alles sehen – die Reitbahn, die Pferde, die Menschen, die vorbeiliefen. Das fand ich so schön, und dann bringt er mich hier drinnen unter! Das finde ich furchtbar. Ich bin so sauer auf Jur.", schimpfte er. Was musste ich lachen! Ich sehe noch immer das Bild vor mir. Wenn Pferde Arme hätten, dann hätte Twin-Twin jetzt sehr arrogant die Hände in die Hüften gestemmt.

„Oh!", sagte Jur, *„Ich dachte, dass es wegen der Kälte eine gute Idee wäre, ihn im Winter reinzuholen. Hier steht er schön warm."* *„Unsinn!"*, sagte Twin-Twin. *„Die frische Luft tut mir gut. Ich bin kein Schwächling! Ich habe schon drei Decken."* Jur, der für die Pferde nur das Beste will, sagte zu mir: *„Die Geschichte stimmt schon. Twin-Twin stand immer in der Außenbox neben meinem Schimmel Nerina, aber ich wusste nicht, dass er sie so vermisst."* Herr Twin mit der großen Klappe bekam sofort, was er wollte. Das Pferd neben Nerina kam in eine andere Box und Twin-Twin durfte wieder neben seiner Freundin stehen. Und ich kann ihm nur Recht geben: Was für ein wunderschön liebliches Pferd Nerina doch ist... Ich verstehe nur zu gut, was Twin-Twin in ihr sah.

Das andere Pferd, das nach drinnen kam, hatte überhaupt kein Problem damit. Da kann man mal sehen – manch einen kümmert es nicht, aber Twin-Twin schon. Er ist einfach klasse. Er war so sauer auf Jur, der doch nur tat, was er für das Pferd für richtig hielt. Eine Weile später wurde Twin-Twin verkauft, was ich wiederum sehr traurig fand, aber so läuft das im Pferdesport. Ich denke noch oft an ihn und muss dann innerlich lachen wegen seiner großen Klappe.

Ein Umzug hat einen großen Einfluss auf Mensch und Tier. Denk mal darüber nach. Falls Du selbst mal in eine andere Wohnung umgezogen bist, wie fühltest Du Dich damals? Ich kenne die Antwort. Todmüde!

Abb. 10: Twin-Twin und Jur Vrieling

Der soundsovielte neue Besitzer

Das Pferd einer jungen Frau ließ sich nicht kontrollieren. Sie kaufte es, weil es ihr leidtat. Es hatte zwar einen schlechten Ruf, doch sie dachte, dass sie das mit Geduld und Liebe schon in den Griff bekommen würde. Das hat sie lange durchgehalten, aber das Pferd blieb dennoch lebensgefährlich. Um es rauszubringen, benötigte man zwei starke Männer, und die junge Frau brach sich einmal sogar ihren Arm, als das Pferd sie gegen einen Zaun warf. In ihrem Stall hatte man ihr schon ein paarmal gesagt, dass dieses Pferd ihr Tod sein würde und sie es besser zum Schlachthof bringen solle – jeder hatte Angst vor ihm. Das Pferd stand in einem geschlossenen Stall, denn wenn die obere Luke auf war, griff es die Menschen an, die daran vorbeiliefen.

Die Besitzerin litt sehr darunter und ich war ihre letzte Hoffnung. Als ich zu ihr kam, sah ich, dass sie verzweifelt war, aber ich sah gleichzeitig auch ein sehr gefährliches Pferd. Sie hatten es gut festgebunden und es konnte sich deshalb kaum bewegen, zudem schlug es schon nach mir aus, als es mich nur sah. Also normalerweise bekomme ich nicht so schnell Angst, war aber wirklich nicht erfreut über diesen bösen Jungen. Ich stellte mich vor ihn und sagte: *„Soll ich Dir helfen oder willst Du zum Schlachter?"* Mit einem Mal stand er still, und ich konnte ihn festhalten.

„Jetzt habe ich ihn.", dachte ich. Aber in diesem Moment biss er mir so hart in den Finger, dass dieser brach und er schlug mir zudem seinen Schweif knallhart ins Gesicht. Ich fühlte, wie mein Auge dick wurde. Dann wurde ich richtig wütend. *„Du willst mir weh tun? Das kann ich viel besser, pass mal auf!"* Ich habe ihn während der Behandlung so zittern lassen, dass er völlig überwältigt war. Er fühlte alles Mögliche in seinem Körper und er hatte keine

99

Macht über mich, was er dann doch sehr seltsam fand. Irgendwann hatte er keine Kraft mehr. Er war sehr müde und hatte nicht mehr die Energie, mir etwas zu tun. Gut so!

Ich fragte ihn, wieso er sich so verhielt, und er begann zu reden. Er hatte schon sehr viel mitgemacht. Er war neun Jahre alt – ein schönes Pferd –, aber er hatte jetzt schon den fünften Besitzer. Warum sollte er dieser Frau, der jetzigen Besitzerin, glauben? Er würde doch wieder weg müssen, und er wartete noch immer auf die Schläge, die er immer bekam und die harten Tritte in seinen Bauch, aber das hatte sie noch nicht gemacht. Wann würde das wohl passieren? Ich werde keine Namen nennen, die er mir sagte, aber: Wie kann man nur? Ein Pferd von zweieinhalb Jahren, das gewissenlos eingeritten wird, ist bereits verdorben für den zukünftigen Besitzer. Warum kann man nicht warten, bis ein Pferd ausgewachsen ist? Dieses Pferd ist vielleicht für immer verdorben, und es ist nicht das einzige.

Das Pferd guckte nun zu seinem Frauchen. Sein Blick war verändert – milder. Ich habe sehr lange mit ihm geredet, mit meinen Händen auf seinem Rücken. *„Du bist schon ein Jahr bei ihr. Du wurdest nie von ihr geschlagen und das wird sie auch nie tun. Dafür ist sie viel zu sensibel. Sie kaufte Dich wegen Deinen traurigen Augen. Auch sie ist enttäuscht vom Leben und hat Angst, genau wie Du. Vertraue ihr, dann erhältst Du eine großartige Freundschaft mit ihr, und sie gibt Dich nie weg. Dies ist Dein letzter Besitzer, einer, der Dich wirklich liebt.“*

Ich könnte noch drei Seiten lang darüber schreiben, wie ich ihn überzeugen musste – und sie auch. Auch sie hatte eine schwere Vergangenheit und deshalb Angst davor, Menschen zu vertrauen.

Sie war schrecklich verletzt und darum weit weg gezogen, um hier mit diesem Pferd ein neues Leben zu beginnen. Nachdem ich mich mehr als drei Stunden mit den beiden beschäftigt hatte, sah ich Hoffnung in den Augen ihres Pferdes. Ich sagte: *„Bring ihn mal in seinen Stall, ich bleibe bei Dir."* Jeden, der dabei war, habe ich gebeten wegzugehen, sodass ich in Ruhe und unter vier Augen mit ihr reden konnte. Zögernd brachte sie ihn in seinen Stall. Er war ruhig und wir setzten uns zu ihm. Als wir gerade da saßen, passierte es. Er lief zu ihr und legte seinen Kopf auf ihren Schoß. Sie hielt seinen Kopf fest und küsste ihn. Zum ersten Mal konnte sie ihn festhalten und streicheln, ohne Angst haben zu müssen. Man sah bei beiden den Stress wegfließen und auch ich ließ ein paar Tränen kullern. Wenn so etwas passiert, danke ich Gott auf Knien, dass er mir so eine großartige Gabe geschenkt hat.

Inzwischen war es fast Mitternacht und ich nahm Abschied. Ich war sehr müde, aber auch froh. Auf dem Rückweg kam ich bei einem Krankenhaus vorbei und ließ meinen Finger untersuchen – er war mehrfach gebrochen. Das fand ich nicht so schlimm, aber mein Auge machte mir Sorgen, denn ich sah nur noch verschwommen damit. Die Netzhaut war jedenfalls nicht beschädigt, was mich beruhigte, und mit einem dick eingepackten Finger und einem großen Lappen auf meinem Auge konnte ich nach Hause.

Weil ich so spät ins Bett kam und alles wehtat, stand ich am nächsten Tag auch etwas später auf. Ich sah, dass die Besitzerin zehnmal angerufen hatte und rief sofort zurück. Sie erzählte mir, dass sie ihn selbst rausgebracht hatte. Da waren zwar Menschen, um ihr zu helfen, aber er lief wie ein zahmes Schaf mit ihr mit. Sie kann jetzt alles mit ihm machen. Inzwischen hat er auch einen offenen Stall und ist nicht mehr das schreckliche Monster, das er geworden war, weil bestimmte Menschen so „gut" junge Pferde einreiten können. Die Frau hat meinen Rat befolgt und genau wie ihr Pferd ihre Vergangenheit hinter sich gelassen und genießt dank ihres Pferdes und durch alles, was wir besprochen haben, jetzt wieder ein gutes Leben.

Neeltje

Als ich Kinny zum ersten Mal zu ihrem neuen Stall brachte, sah ich, dass daneben eine alte, 29-jährige Schimmel-Dame stand. Was für ein Griesgram. Sie legte immer die Ohren an und man sah das Weiße in ihren Augen – und doch hatte sie was. Vom Aussehen her ähnelte sie Sandy sogar ein bisschen.

Ich hörte, dass sie von Petra und ihrer Tochter Muriel versorgt wurde und den Namen Nelis trug. Die Eigentümerin kam ab und zu zum Putzen und Ausmisten, und die zwei Damen sorgten dafür, dass Nelis täglich rausgebracht wurde. Sie taten so viel wie möglich für sie, doch sie hatten selbst auch zwei Pferde, eine Familie und zudem ihre Arbeit. Auf Nelis konnte nicht mehr geritten werden, sie war alt, hatte einen krummen Rücken und außerdem ein Schweif- und Mähnenekzem. So lieb die Damen auch waren, Nelis bekam so nicht die Aufmerksamkeit, auf die sie ein Recht hatte und die sie so gerne wollte.

Am Abend brachte ich Kinny in den Stall und nahm sie nochmals in den Arm. Auf einmal steckte Nelis ihren Kopf durch die Oberluke und sagte: *„Hey, darf ich bei Dir bleiben?"* *„Aber warum denn, Mädchen? Du stehst hier doch gut neben Kinny."* *„Nein, ich muss hier weg und das will ich nicht"*, sagte sie. *„Ich will bei Dir bleiben."* Später hörte ich von Petra und Muriel, dass sie wegen ihrer eigenen Pferde zu einem anderen Stall gingen. Aber was würde dann aus Nelis werden? Ja, das wussten sie auch nicht.

Die Besitzerin hatte wenig Zeit für sie und wollte sie daher in der Nähe ihres Hauses unterbringen. Mit alten Ponys sollte man nicht umziehen, oft sterben sie dann, vor allem erst recht, wenn nur wenig nach ihnen gesehen wird. Ich ging zurück zu Nelis und fragte sie nochmals: *„Willst Du wirklich bei mir bleiben?"* *„Ja, ich*

Paulien und Neeltje

will hier nicht weg, ich habe Angst, und Du scheinst lieb zu sein", sagte sie mit angelegten Ohren.

Ich fragte die Besitzerin, ob sie Nelis stehen lassen wollte, ich würde dann für sie sorgen. Sie war begeistert von dieser Lösung und aus dem Namen *Nelis* habe ich gleich *Neeltje* gemacht, denn das klingt netter. An diesem Abend schrieb ich in mein Notizbuch „Neeltje 32-7". Das mache ich öfters – einfach etwas aufschreiben, was mir gerade einfällt, ganz ohne nachzudenken. Ich weiß nicht warum und vergesse es oft auch wieder.

Unverzüglich kümmerte ich mich um das Schweif- und Mähnenekzem, und dabei warf ich auch gleich diese fiese Decke weg. Nach ein paar Behandlungen erholte sie sich und sie hat das nie wieder gehabt. Neeltje brauchte allerdings viel Pflege. Kinny konnte Tag und Nacht draußen bleiben, Neeltje hingegen nicht. Sie traute sich auch nicht mehr mit anderen Pferden auf die Weide, denn das machte ihr Angst. Die gnädige Frau bekam daher eine eigene Weide, ganz für sich allein. Die Ruhe fand sie herrlich. Ich selbst fuhr sehr oft zum Stall, zwei- oder dreimal am Tag, denn sie konnte jederzeit in Panik geraten und wollte dann in ihren sicheren Stall zurück. Zum Glück wussten meine Freundinnen im Stall das auch, sodass sie auch mit darauf achten konnten.

Es fiel allen auf, dass Neeltje über die Zeit viel netter und freundlicher wurde. Sie schaute aus ihrem Stall heraus, ohne die Ohren anzulegen, und sie wurde jetzt von jedem angezogen und verwöhnt. Wie sehr ich sie doch liebte. Unser Stall wurde immer größer und es kamen immer mehr Pferde, und um es dem Stalleigentümer etwas einfacher zu machen, stellte jeder seine eigenen Futtertröge hin. Doch Neeltje hatte keine Tröge und bekam ihr Futter einfach so. Eines Tages sagte sie: *„Mama, darf ich auch Tröge haben? Das hat jeder, nur ich nicht."* Wie dumm von mir. Natürlich wollte sie das auch, sie wollte genau wie die anderen sein. Ab sofort bekam sie auch Tröge, und da steckte ich dann etwas Leckeres dazu – einen Apfel, eine Möhre, etwas Kraftfutter und Neeltje war rundum zufrieden. Jetzt war sie genau wie all die anderen Pferde und ihr Selbstvertrauen wuchs von Tag zu Tag.

Allerdings gefiel es mir nicht, dass sie mir nicht gehörte. Für mich fühlte es sich so an, doch ich wusste auch, dass ich noch ein bisschen warten musste, bis der Tag kommen würde. Und der Tag kam schneller, als ich dachte, denn die Eigentümerin rief mich kurz darauf an. Sie sagte, dass Neeltje weg müsse, denn sie selbst war jetzt schwanger und hatte keine Zeit mehr für sie. Arme Neeltje, wo sollte sie in dem Alter noch hin? *„Ich kann sie nehmen!"*, sagte ich, und die Besitzerin war damit einverstanden.

Neeltje gehörte jetzt wirklich mir, ein dreißig Jahre altes G-Pony, und ich hätte sie nicht eintauschen wollen für das teuerste Pferd. Es war ein großartiger Moment, als ich ihr erzählen konnte, dass sie nun zu mir gehörte und nie mehr weg müsse. Daraufhin legte sie ihren Kopf auf meine Schulter und so haben wir beide eine ganze zeitlang dagestanden – ein glückseliger Moment.

Die Zeit verging wie im Fluge. Am 29. Mai feierten wir ihren Geburtstag, sie wurde 32 Jahre alt, doch ich machte mir immer mehr Sorgen um sie. Es fühlte sich so an, als ob es ihr letztes Jahr werden würde. Irgendwann musste ich mit meiner Mutter zum Krankenhaus und dort bekamen wir zu hören, dass sie eine schreckliche Krankheit habe – ein Ergebnis, das mich sehr traurig stimmte. Ich bin danach sofort zu Neeltje gefahren und wieder einmal fühlte ich ihre liebevolle, weiche Nase in meinem Gesicht. Sie tröstete mich und sagte, dass ich nun selbst stark sein müsse.

In der dritten Juniwoche saß ich mal wieder bei Neeltje auf der Weide. Wenn ich vom Krankenhaus kam, fand ich es immer sehr angenehm, mit ihr auf der Weide wieder zu mir selbst zu kommen. In diesem Moment sah ich sie über die Weide taumeln und wusste es: Es war vorbei mit ihr und in Kürze würde ich eine Entscheidung treffen müssen. An diesem Mittag sah ich sie zum Graben laufen, um Wasser zu trinken. Als sie dort stand, blockierte das Kniegelenk ihres Hinterbeines. Gott sei Dank konnte ich sie am Halfter vom Graben wegziehen und taumelnd lief sie mit mir zum Stall zurück. Ich hatte solche Angst, dass sie in den Graben fallen könnte, dass ich mich nun nicht mehr traute, sie auf die Weide zu bringen. Für mich selbst hatte ich die Entscheidung schon getroffen. Ich fragte meine Freundin Erica um Rat, eine Tierärztin mit Leib und Seele, und nachdem sie Neeltje untersucht hatte, stimmte sie mir zu. Sie würde noch ein paar Tage laufen können, doch es könnte auch sehr schnell gehen. Petra und Muriel haben sich noch von ihr verabschiedet und am Sonntagabend ließ Neeltje uns wissen, dass es jetzt gut war, sie wollte nicht mehr. Noch am selben Abend habe ich Erica gebeten, sie einzuschläfern.

Ich wollte Neeltje selbst festhalten und hatte keine Angst, dass sie gegen die Sterbehilfe ankämpfen würde, denn wir hatten dies zusammen beschlossen. *„Liebling, geh mit Sandy mit – meine andere weiße Schönheit."* Sie legte sich ruhig hin und legte den Kopf auf meinen Schoß – da ging nun mein lieber Schatz in der schönen Abendsonne und auf ihrer eigenen Weide zwischen den Gänseblümchen am 3. Juli.

Am nächsten Tag war ich total durcheinander und lief hilflos im Stall herum. Ich wusste nicht, was ich machen sollte, bis ich ein schrilles Wiehern hörte. Wie konnte ich sie nur vergessen? Klein Kinny stand am Zaun und wartete. Sie war nicht bei der Herde, sondern wartete auf mich. Zusammen liefen wir zu Neeltjes Weide, und trotz meiner Trauer musste ich über die verrückte Kinny lachen, die über die Weide rannte und bockte. Es war gut so, denn Neeltje ist genau zu jener Zeit gegangen, als meine Mutter mich am meisten nötig hatte. Später fand ich das Notizbuch mit der Notiz „Neeltje 32-7". Und jetzt begriff ich es, sie ging im Alter von 32 Jahren am 3.7.2011.

Die Geschichte von Neeltje gehört in dieses Buch. Warum? Selbst wenn man auf einem Pferd oder Pony nicht reiten kann – aufgrund des Alters oder irgendwelcher Gebrechen –, ist es ein Segen, für es sorgen zu können und ihm Aufmerksamkeit und Liebe zu geben. Denn auch Du kannst auf diese Art für einen Moment Deine Probleme vergessen und der täglichen Routine entfliehen. Es ist unbeschreiblich, was man von einem Tier an Liebe zurückbekommt. Wir vermissen Neeltje noch jeden Tag, denn aus einem alten Griesgram ist mit viel Liebe eine liebe, alte Dame geworden.

„Wir haben Deine Gesellschaft sehr genossen, Neeltje. Es war schön mit Dir!"

Romy und Riemer

An ihrem siebzehnten Geburtstag rief mich meine Nichte Romy an. *„Tante Paulien, ich will ein Pferd. Ich brauche keinen Führerschein und kein Auto. Ich möchte das Geld, das ich gespart habe, für ein Pferd ausgeben.“* „Romy“, sagte ich, *„überleg Dir das sehr gut. Du bist jung und Du kannst noch so viel machen mit Deinem Geld – ausgehen, ein schönes Auto kaufen, in den Urlaub fahren. Ein Pferd bedeutet jeden Tag ein paar Stunden Arbeit, dann bist Du wieder gebunden.“*

Nein, es musste ein Pferd sein, ein geschecktes oder ein dunkelbraunes mit schwarzer Mähne und schwarzem Schweif. Aber das sah ich nicht, ich sah sofort einen Fuchs, einen echten roten Fuchs. *„Oh nein, den will ich nicht, ich mag Füchse nicht so sehr“*, sagte sie. *„Okay“*, erwiderte ich, *„schau Dich mal um. Wenn Du etwas findest, gehe ich mit Dir mit.“* Nachdem sie sehr viele gescheckte und braune Pferde gesehen hatte, die ihr alle nicht gefielen, dachte ich bei mir: *„Du machst das schon. Irgendwas wird sich schon ergeben.“*

Eines Tages rief mich eine gemeinsame Freundin an. Sie wollte sich am Abend ein Pferd ansehen und wollte wissen, ob Romy und ich mitkommen wollten, denn der Mann hatte sehr schöne Pferde. *„Wir gehen mit.“*, ließ ich sie wissen. Wieder sah ich einen roten Fuchs und ich dachte: *„Heute Abend hat Romy ein Pferd.“* Ich rief meine Schwester und meine Tochter an und sie kamen auch mit, und mit einem vollgeladenen Auto machten wir uns auf den Weg. Wir landeten bei einem anständigen Händler, denn wenn ein Pferd nicht zu jemandem passt, dann sagt er das. *„Komm ruhig erst ein paarmal reiten, dann kannst Du sehen, ob es klickt“*, sagte er. Das ist sehr anständig.

Unsere Freundin lief zu den Ställen. Der Händler sollte ein Pferd holen, das er erst vor ein paar Tagen bekommen hatte. *„Ich glaube, das ist das richtige für Dich, Romy!"* „Prima", sagte sie, *„so-lange es kein Fuchs ist."* Ich sagte noch zu meiner Schwester: *„Wir halten uns da raus, das muss sie selbst entscheiden"*, und da kam er auch schon an: ein großer, roter Fuchs – Riemer. Romy und meine Tochter liefen sofort zu ihm hin. *„Oh, was hat der liebe Augen. Was ist der schön. Den nehmen wir!"* Meine Schwester und ich haben so gelacht: *„Sie wollte doch keinen Fuchs. Lasst uns noch nach anderen Pferden gucken."* Nein, das wollten sie nicht, dieses war das liebste Pferd.

Riemer wurde gesattelt, sodass Romy mal kurz darauf reiten konnte. Er benahm sich vorbildlich und der Kauf war eine schnell beschlossene Sache. *„Können Sie ihn morgen bringen?"* „Das geht aber schnell", sagte der Mann. *„Komm doch erst ein paarmal reiten, Mädchen."* „Nein", sagte sie, *„ich will nur diesen."* „Dann ist es gut", erwiderte er, *„dieses Pferd passt zu Euch, aber ich weiß nichts über seine Geschichte. Ich habe ihn von einem Händler gekauft. Willst Du ihn begutachten lassen?"* Nein, das war nicht nötig, er musste sofort kommen. Ich habe mir Riemer kurz angesehen und hatte so meine Zweifel, was seine Beine betraf. Ansonsten fühlte er sich sehr gesund an, doch die Beine ließen mir keine Ruhe. Der Fuchs wurde am nächsten Tag tadellos zu einem Stall in der Nachbarschaft gebracht.

Riemer war ein super liebes Pferd, konnte aber nicht viel. Er wusste nicht mal, was Galopp war – neun Jahre war er alt und er konnte nichts. Schön, so eine schnelle Entscheidung! Doch es war kein Problem, denn er war ein braves Pferd. Sie erzogen ihn einfach selbst weiter, und das ging ganz gut. Riemer erzählte mir mit einer feinen, tiefen Stimme, dass er bis zu seinem achten Lebensjahr Deckhengst gewesen sei. Sein Herrchen war auf dem

Bauernhof gestorben und die Tiere wurden schnell verkauft – so auch Riemer. Damals gab es ein Mädchen, das oft zu ihm kam, er durfte immer draußen auf der Weide stehen und das fand er sehr angenehm. Romy recherchierte im Internet und fand heraus, dass er aus Friesland kam. Sie spürte auch das Mädchen auf, das er erwähnte, und sie bestätigte seine Geschichte. Sie freute sich sehr darüber, dass Riemer jetzt bei Romy war und meinte: *„Für einen Hengst war er schon ein ziemlich zahmes Schaf. Ich hoffe, dass er viel nach draußen kann, dann ist er glücklich."*

Doch mit der Zeit wurde es immer schwieriger, auf ihm zu reiten und er warf Romy so oft ab, dass sie auch immer öfter Angst bekam. Irgendwie passte es nicht zu ihm und es war irgendwie unheimlich. Doch wenn mir ein Tier sehr nahe steht, fällt es mir nun mal schwer, etwas zu sehen – und ich liebte Riemer sehr. Meine Tochter Talitha ritt ihn etwas öfter und hatte ihn auch im Griff, bei ihr war er friedlich. Riemer war Romys erstes Pferd und er war groß und stark – eben kein Pony. Doch der Stall, in dem er stand, gefiel mir nicht. Ich kam dort nicht gerne hin, also sah ich Riemer auch nur recht selten. Eines Tages sollte Talitha ihn reiten, und da ihr Auto beim Mechaniker war, brachte ich sie hin und wollte sie später auch wieder abholen. Ich fuhr zwar weg, doch dann, einem Impuls folgend, sofort wieder zurück und lief in den Stall. Was habe ich mich erschrocken! Das war nicht mehr Riemer, sondern ein mageres Pferd und in den schönen Augen sah ich kein Licht mehr.

„Er wird nicht geritten!", sagte ich. *„Er kommt hier weg."* Riemer stand pro Tag noch nicht einmal zwei Stunden auf einer Weide von der Größe einer Briefmarke, man konnte sogar schon seine Rippen zählen, und alles Leben hatte ihn verlassen. Sofort rief ich Anton, meinen Nachbarn, an und fragte ihn, ob er Riemer

am nächsten Tag abholen könnte, denn zu unserem Stall gab es genug Weideflächen. Riemer bekam einen schönen, großen Stall. Anton fütterte ihn selbst, und nach sechs Wochen war Riemer wieder Riemer – ein schöner, großer, gesunder und glücklicher Fuchs. Allerdings verhielt er sich wieder gefährlich, wenn Romy auf ihm ritt. Man sah, dass er Schmerzen hatte und ich suchte alles ab, seinen Rücken, seine Beine, doch ich konnte nichts finden. Ich kam nicht dahinter, was mit ihm los war. Da war etwas mit seiner Schulter und seinem linken Vorderbein, das konnte ich wahrnehmen, und es könnte zu seinem Rücken durchziehen, aber ich sah es wirklich nicht genau. Schlimm fand ich zudem, dass ich meiner Nichte und unserem Riemer nicht richtig helfen konnte. Bei einem fremden Pferd weiß ich normalerweise sofort, was los ist, warum aber nicht bei ihm? Wir riefen in der Klinik an und vereinbarten einen Termin, wobei sich dann herausstellte, dass es tatsächlich das linke Vorderbein war. Riemer mussten spezielle Hufeisen angebracht werden, damit er gut stehen konnte, dennoch hatte er noch Schmerzen im Rücken, weshalb er sich so gefährlich verhielt. Nach vier Tagen durfte Riemer in lilafarbenen „Schuhen" nach Hause und wir waren alle sehr froh darüber.

Riemer steht bei uns auf dem Bauernhof, genießt ein großartiges Leben und darf schön lange auf die Weide hinaus. Romy hat noch immer ein bisschen Angst vor dem Reiten, was ich verstehen kann, denn er hatte sie echt schlimm runtergeworfen. Andererseits ist er so lieb zu ihr, ein Kuschelpferd und mit dem Reiten und dem Selbstvertrauen wird es schon noch werden, da machen wir uns keine Sorgen. Das war eben ein schneller Kauf und *„Es darf ganz bestimmt kein Fuchs sein."* Heute lachen wir darüber: Romy und Riemer – Liebe auf den ersten Blick.

Romy

Paulien (ein Beitrag von Romy)

Meine Nichte Romy wollte gerne einen Beitrag leisten zu diesem Buch und über ihre Tante schreiben. Ich stehe nicht gerne im Mittelpunkt und war kein Befürworter dieser Idee, bis ich ihre Zeilen las. Ich finde es besonders schön, wie sie dies aus ihrem Gefühl heraus geschrieben hat, denn es stimmt schon: Mit einem Pferd kann man über alles reden!

Seit meiner Geburt ist meine Tante Paulien immer für mich da gewesen. Sie ist mein Liebling und ich bin ihrer. Schon als Baby war ich oft bei ihr – ich lag auf dem Wasserbett oder wurde herausgeputzt für eine Fotosession oder war mit bei den Pferden. Meistens waren wir bei den Pferden. Soweit ich mich zurückerinnern kann, hat meine Tante sich immer für Tiere eingesetzt. Immer wieder kam sie nach Hause mit einem misshandelten Hündchen oder einem verwahrlosten Kätzchen, oder sie erzählte eine Geschichte, wie sie wieder ein Schaf aus dem Graben gerettet oder einem Pferd mit Kolik geholfen hatte. Wo ein Tier in Not war, war Paulien zur Stelle.

Ich habe gesehen, wie meine Tante bei ihrer Arbeit immer stärker wurde. Es begann mit Menschen – Menschen, die dringend ihre Hilfe brauchten, um wieder auf den richtigen Weg zu kommen, um die richtige Richtung zu wählen. Viele wollen gerne wissen, wie ihre Zukunft aussieht oder mit wem sie letztendlich alt werden, doch Paulien wollte damit nichts mehr zu tun haben. *„Wenn Menschen auf ihrem Weg eine Aufgabe bekommen, dann müssen sie selbst entscheiden können, was sie tun"*, ließ sie sich regelmäßig darüber aus. *„Was ich sagen darf und womit ich Menschen wirklich helfen kann, das darf gesagt werden, aber ich kann niemandem erzählen, wie sein Leben aussieht, wenn er achtzig Jahre alt ist.*

Das Schicksal bestimmt, wer oder was Du letztendlich wirst. Triff Deine eigenen Entscheidungen!"

Als Paulien mit den Sitzungen für Menschen aufgehört hatte, konzentrierte sie sich mehr auf Tiere – einen Hund, eine Katze, sogar ein Meerschweinchen oder Kaninchen. Sie macht da keinen Unterschied: *„Jedes Tier ist etwas Besonderes! Ein Tier kann seinem Herrchen nicht erzählen, was es fühlt, wo es Schmerzen oder warum es Stress hat."* Und weil wir schon sehr früh mit dem „Pferdevirus" angesteckt wurden und immer daran geglaubt haben, dass ein Pferd etwas ganz Besonderes ist, hat sie angefangen, sich auf Pferde zu spezialisieren.

Ein Pferd ist ein besonders sensibles Tier mit einem starken Charakter. Wer ist für Dich da, wenn Du traurig bist? Wer kann Deinen Kopf auf natürliche Weise vom Stress befreien? Wem kannst Du alles sagen, ohne erneut verletzt zu werden? Wer holt das Lächeln auf Deinem Gesicht zurück? Das macht Dein Pferd – all dies macht dieses Tier so besonders und zudem Pauliens Arbeit sehr viel schöner. Was Paulien während einer Behandlung genau fühlt und macht, kann ich nicht sagen, aber ich sehe die Dinge, die drum herum passieren und wie glücklich sie diese Tiere macht – auch die Herrchen, denn von einer Behandlung profitieren immer beide. Nicht nur dem Pferd, auch dem Reiter wird geholfen.

Wir sind alle Menschen. Wir haben alle mal einen schlechten Tag und machen Fehler – auch Reiter. Wir können nicht alle perfekt sein und auf ZZ-Niveau trainieren, denn nicht jeder hat dafür die richtige Erfahrung. Ein Pferd kann Dir nicht sagen, wann die Arbeit zu schwer wird oder dass es bestimmte Übungen nicht ausführen kann. Viele Menschen sehen dies nicht und geben darum dem Pferd die Schuld. Ich finde es großartig und sehr, sehr schön, dass Paulien die Pferde versteht und den Reitern Bescheid sagen kann, sodass das Tier in einer solchen Situation nicht beschuldigt wird. Bei ihrer Arbeit dreht sich alles darum, Mensch und Tier zu helfen. Jedes Tier ist wichtig, ob das jetzt ein Hund oder ein Shetlandpony ist oder ein Pferd auf Topniveau.

Noch jemanden möchte ich in diese Geschichte einbeziehen, wobei dies keine bestimmte Person ist. Ich rede von Gott. Ob Gott eine Person ist, eine bestimmte Kraft oder tatsächlich ein Mensch, weiß niemand. Was ich aber sehr wohl weiß, ist, dass meine Tante von ihm sehr viel Hilfe bekommt. Ohne die Anweisungen und insbesondere die Kraft und Energie, die Paulien geschickt bekommt, ist sie nicht in der Lage zu tun, was sie jetzt kann. Das ist nichts, was jemand einfach mal so mitbekommt. Wir sind hier alle aus einem Grund und für ein Ziel. Was das Ziel ist, wurde für jeden Einzelnen festgelegt, denn ein Leben ist schon von Geburt an skizziert – Momente des Schmerzes (um zu lernen), Momente des Glücks (als Belohnung) und Momente der Traurigkeit (um stärker zu werden).

Paulien, meine liebe Tante und beste Freundin, ist ein großartiger Mensch und steht jetzt endlich auch einmal im Mittelpunkt.

Weltmeister!

Jeder, der das Springreiten liebt, hat sie sicher gesehen oder verfolgt: die Weltreiterspiele im amerikanischen Kentucky im Jahre 2010. Ich war auf dem Weg nach Belgien zu Grand-Prix-Springreiter Philippe Le Jeune – ein enorm lieber Mann mit viel Gefühl und Offenheit gegenüber jedem Pferd. Es gibt ein Sprichwort: *„Es gibt Menschen mit Pferden, und es gibt Pferdemenschen."* Auf ihn trifft Letzteres zu. Philippe ist ein echter Pferdemensch.

Es war ein herrlicher Tag, als ich dort ankam. Nach einer herzlichen Begrüßung setzten Philippe, seine Freundin Gudrün und ich uns in den großen Innenhof, um dort einen Kaffee zu trinken. Von diesem Platz aus konnte man in die Ställe und in die Reitbahn sehen, wobei eine angenehm ruhige Atmosphäre herrschte. Ich fragte, wo „Vigo" steht – sein Spitzenpferd. Philippe brauchte nicht zu antworten, denn das tat Vigo d'Arsouilles, wie er vollständig heißt, schon selbst. Er stand auf dem Innenhof in einem großen Stall und ich erschrak angesichts seiner Größe. Er hatte die Ohren angelegt und guckte mich böse an, so als wollte er sagen: *„Komm schon, ich mach Dich fertig."* Und als wäre das nicht schon schlimm genug, erzählte Philippe, dass Vigo manchmal Menschen, die ihm nicht gefallen, aus dem Stall herausprügelt. Den musste ich also behandeln? Na prima!

Vigo starrte mich weiterhin mit einem kalten Blick an. Ich sagte dann auch ehrlich, dass ich Angst vor ihm hatte, doch Philippe lachte nur und sagte: *„Dann sehen wir mal, wie es mit Vigo geht."* Darüber war ich dann doch etwas erleichtert. Normalerweise habe ich nicht so schnell Angst, aber vor diesem großen Fuchs schon. Nachdem ich ein paar Pferde behandelt hatte, gingen wir wieder in den Innenhof, um etwas zu trinken, und noch immer guckte der große Fuchs mich mit angelegten Ohren an.

Weltmeister 2010, Philippe Le Jeune mit Vigo d'Arsouilles

Philippe sagte: „*Paulien, ich habe Dich jetzt arbeiten sehen und Du machst das mit sehr viel Gefühl. Ich sehe, wie meine Pferde auf Dich reagieren. Vigo ist mein bester Freund, und das wird er auch für Dich. Das weiß ich genau.*" Ich vertraute ihm, weil er ein Pferdemensch ist. Philippe kennt sein Pferd am besten und würde mich nicht in Gefahr bringen. Also ging ich zu Vigo hin und versuchte, mit ihm Kontakt aufzunehmen. Augenblicklich kam einer meiner geistigen Indianerführer und ließ mich wissen, was ich sagen sollte – in Indianersprache. Ich bin ehrlich, wenn ich zugebe, dass ich keine Ahnung hatte, was ich da sagte, doch Vigo offenbar schon. Er fand es herrlich, guckte auf einmal sehr lieb und fing an zu gähnen.

Mein Indianerführer blieb die ganze Zeit bei mir und erklärte, dass Vigo eine alte Seele sei und ich keine Angst vor ihm haben müsse. Ich wurde gut beschützt. Vigo lief ruhig zu dem großen Putzplatz, und als ich mit seiner Behandlung begann, ging alles wie von selbst. Was für ein großartiges Pferd – er hat einen sehr starken Geist. Vigo erzählte mir, dass sein Philippe schon seit Wochen nachts wach liegt, weil Vigo in ein Flugzeug muss. *„Er hat solche Angst, dass mir etwas passieren könnte, aber ich mache mir gar keine Gedanken darüber. Sag ihm mal, dass er sich nicht so einen Stress machen soll."*, sagte Vigo. *„Oh, das stimmt."*, bestätigte Philippe. *„Es raubt mir den Schlaf. Meinem Freund darf echt nichts passieren. Ich bin froh, wenn er da sicher gelandet ist."*

Vigo erzählte zudem noch etwas sehr Außergewöhnliches. Er sagte: *„Für meinen besten Freund werde ich die Weltmeisterschaft gewinnen. Philippe tut alles für mich. Ich bin schon so lange bei ihm. Er gibt mir immer so viel Liebe und Respekt. Wenn ich den Titel gewinne, werde ich auch nicht verkauft, dann bleibe ich bei ihm. Aber sag ihm das nicht, sonst steht er unter zu viel Druck. Ich mach das einfach, das kannst Du mir glauben!"* Ich glaubte Vigo aufs Wort und erzählte es nur meinem Mann. Für uns beide ist dies ein Indianerpferd.

Vigo genoss den Rest der Behandlung und erklärte: *„Ich habe jetzt genug Energie, um meine Mission zu vollbringen. Ich werde meinen besten Freund zum Weltmeister machen!"* Nach einem langen Tag nahm ich schließlich Abschied von meinem neuen Freund. Was für ein Kuschelpferd, er legte seinen Kopf auf meine Schulter und ich bekam so viele Küsschen, dass Philippe schon ganz neidisch wurde. Schon am nächsten Morgen reiste Vigo mit dem Flugzeug nach Amerika und kurz nach der Landung bekam ich schon eine SMS, dass alles gut gegangen und Philippe erleichtert sei.

Manchmal ist es für mich schwierig, dass ich nicht immer über die Dinge reden darf, die ich während meiner Tätigkeit höre, das ist nun mal Privatsache. Mittlerweile befand ich mich zwischen den Größen aus dem Sport. Ich behandelte ihre Pferde und während der Pausen wurde natürlich eifrig über die Weltmeisterschaft gesprochen. *„Paulien, wer wird gewinnen?"* „Oh, das weiß ich nicht", sagte ich dann, „ich hoffe natürlich die Niederlande". Manchmal schlug ich aus Spaß Deutschland vor und ansonsten Belgien. *„Ha ha, Belgien."* Ich wurde herzlich ausgelacht. *„Nach der WM versteht Ihr das schon"*, dachte ich nur, denn ich glaubte Vigo.

Jeder, der mich kennt, weiß, dass ich mit Computern und dem Internet nichts zu schaffen habe. Es interessiert mich auch nicht. Selbst dieses Buch schreibe ich mit Stift und Papier. Allerdings wollte ich natürlich sehr gerne die WM verfolgen und Vigo sehen, doch durch den Zeitunterschied zu Amerika und weil im Fernsehen nur wenig über den Pferdesport ausgestrahlt wird, sah ich nur sehr wenig. Zum Glück schickte Gudrun jede Nacht eine oder mehrere SMS, um zu erzählen, wie es da lief. Und dann kam auf einmal eine SMS: *„Vigo ist im Finale!"* Ich schrieb zurück: *„Jetzt kann ich es Dir wohl sagen. Vigo wird gewinnen, das hat er mir selbst gesagt."*

Das Finale bestand aus einem Reiterwechsel mit den vier besten Kombinationen – ein entsetzlich schwerer Wettstreit, sowohl für den Reiter als auch für das Pferd, weil jedes Pferd den Parcours sowohl mit seinem eigenen Reiter als auch mit den drei anderen Reitern überwinden muss. Vigo musste es aufnehmen mit Rodrigo Pessoa mit HH Rebozo, Abdullah Al-Sharbatly mit Seldana di Campalto und mit der Nummer Eins der ganzen Welt, Eric Lamaze mit seinem großartigen Hickstead.

Ich lag im Bett und schlief, als mein Mann mich mitten in der Nacht rief: *„Paulien! Komm schnell gucken, Vigo muss jetzt springen."* Wie von der Tarantel gestochen schoss ich aus meinem Bett und aufgeregt und mit Herzklopfen saß ich vor dem Fernseher. Würde er es schaffen? Natürlich bin ich für die Niederlande, aber wir waren da leider nicht mit dabei. Dann also bitte der schöne, große Fuchs mit dem sympathischen Mann. Mit Tränen in den Augen sah ich, wie jeder um den Sieg kämpfte, es ist so ein schöner Sport. Der letzte Ritt wurde von Philippe Le Jeune auf Hickstead geritten. Sie sprangen fehlerfrei, und damit war es entschieden: Philippe wurde Weltmeister! Zehn Minuten später bekam ich eine SMS von Gudrün: *„Wir sind Weltmeister!"* Ich fand es unglaublich aufmerksam, in so einem Moment auch noch an mich zu denken.

Zurück in Belgien ging es für Philippe und Vigo zu wie im Irrenhaus. Jeder wollte mehr sehen und hören über den frisch gebackenen Weltmeister. Aber da war auch Spannung, denn Vigo war jetzt ein Weltmeister und dafür stehen die Käufer Schlange. Darüber hinaus war er auch nicht vollständig in Philippes Besitz. Was macht man dann? Wir haben das selbst in den Niederlanden mitgemacht mit unserer schwarzen Perle Totilas, und da können und dürfen wir uns nicht einmischen. Welche Entscheidung würdest Du treffen, wenn es um so viel Geld geht?

Philippe hatte Glück, denn Vigos Miteigentümer überließ ihm die Entscheidung: das große Geld oder Vigo? Und die Entscheidung war schnell gefällt: Philippe entschied sich für seinen allerbesten Freund! Leider konnte ich nicht auf der Feier von Philippe und Gudrün sein, um den Sieg mitzufeiern, denn ich war zu jener Zeit beruflich in Japan, also weit weg. Aber an dem betreffenden

Tag unter dem schönen Sternenhimmel war ich doch kurz bei ihm, denn Vigo war auch nicht bei der Feier. Ich sah den Innenhof und stolz stand er da in seinem großen Stall, der schöne Fuchs.

Ode an Hickstead

Philippe Le Jeune bat mich, etwas über Eric Lamaze und den fantastischen Hengst Hickstead zu schreiben. Es geschah am 6. November 2011 – die ganze Pferdewelt war bestürzt und traurig wegen des plötzlichen Todes von Hickstead. Auch in den Niederlanden reagierte man geschockt auf den Verlust des in den Niederlanden gezüchteten Top-Hengstes. Es ist nicht in Worte zu fassen, was Eric Lamaze durchmachte – sein Partner, sein großer Stolz, so schnell aus dem Leben gerissen, ein sehr plötzlicher Abschied. Auch Philippe Le Jeune war sehr niedergeschlagen angesichts dieses Verlustes: *„Vigo hat alles gegeben während der Weltreiterspiele im Jahr 2010, aber es war mein letzter Ritt auf Hickstead, der mir den Sieg brachte. Ich bin sehr stolz darauf, dass ich auf diesem großartigen Hengst reiten durfte und werde ihn für immer in meinem Herzen tragen. Wenn ich zu meiner Trophäe sehe, dann sehe ich zwei Helden: Vigo, aber auch Hickstead. Ich wünsche Eric viel Kraft. In Gedanken bin ich bei ihm."*

Hickstead starb an dem Ort, an dem er am liebsten zusammen war mit seinem besten Freund, Eric Lamaze. Es war eine perfekte Kombination – zwei Seelenverwandte. Er starb auf dem Parcours, auf dem er so viele große Erfolge feierte. Für Eric war es sehr hart, seinen Freund zu verlieren, doch ich denke, dass Hickstead sich einen Abgang wie diesen gewünscht hätte. So wie immer hielt das Publikum den Atem an, als Hickstead hereinkam, und dann gab es am Ende immer großen Applaus für seine Art zu springen. Kämpfend und mit vollem Einsatz sprang er den Parcours, das war typisch für ihn.

Philippe Le Jeune mit Hickstead

Auch an diesem bewussten Tag hielt das Publikum den Atem an. Wieder hatte er gekämpft und alles gegeben – und dann schlug das Schicksal zu. Er starb, als er mit seinem Parcours fertig war. Sein letzter Blick galt seinem Eric Lamaze. Ihm wurde viele Male zugejubelt in seinem Leben, doch nachdem er gestorben war, bekam er den größten Applaus, den es geben konnte. So wurde Hickstead mit allem Respekt aus dem Ring getragen, aus dem Ring, in dem er uns Pferdeliebhaber so oft hat genießen lassen. So müssen wir ihn auch in Erinnerung behalten: Ein stolzer, starker Hickstead, stets kämpfend für den nächsten Sieg – ein ganz besonderes Pferd, das niemals vergessen werden wird.

Auch solche Tage hat Gott gemacht, aber Gott gibt uns auch die Kraft, den schweren Verlust ertragen zu können.

Tjarda und Lottchen

Im Jahre 2011 kamen eine Menge Friesen in unseren Stall, um die Weidesaison zu nutzen. Sie wurden von zwei lieben Mädchen versorgt, die viel Zeit mit den Pferden verbrachten. Als ich Tonia zum ersten Mal mit ihrem Lieblings-Friesen Tjarda laufen sah, fragte ich sie, wie lange das Pferd schon trächtig war. *„Oh, also doch"*, sagte Tonia, *„wir wissen es nicht sicher."* *„Ich denke schon."*, sagte ich. Einige Zeit später hörte ich, dass Tjarda gescannt wurde und dass sie laut Tierarzt nicht trächtig war. Dann hatte ich das nicht gut gesehen und dachte noch: *„Sie ist etwas mager, vielleicht ist sie wirklich nicht trächtig."* – doch ich zweifelte weiterhin.

Die Weidesaison begann und die Friesen wurden zu einem großen Stück Land gebracht, das sich etwa zehn Minuten vom Stall entfernt befand. In der Nähe dieser Weide ging ich oft mit meinen Hunden spazieren und so konnte ich nebenbei ein Auge darauf haben und die Ponys und Pferde zählen, denn da waren auch noch andere von unserem Stall mit dabei. Eines Tages sah ich, dass Milch aus Tjardas Euter kam, woraufhin sie sofort in den Stall gebracht wurde und am nächsten Morgen stand da ein kleines, schwarzes Püppchen – Lottchen.

Am 14. Juni 2011 wurde sie geboren, dieses unerwartete, kleine, niedliche Friesschen. Sie stand sehr seltsam auf ihren Beinchen, denn sie waren krumm. Wir waren alle besorgt, dass das so bleiben könnte und der Arzt riet uns, sie wieder auf die Weide zu bringen, denn je mehr Bewegung sie hatte, desto besser würde das für ihre Beinchen sein. Lottchen war ein fröhliches Fohlen und gerne auf der Weide – und ihre Beinchen wurden tatsächlich mit der Zeit immer gerader.

Tjarda und Lottchen

Oft wissen Fohlen noch nicht so gut, wo sie laufen und rennen können, und so fanden die Mädchen ihr Lottchen eines Tages im Graben. Sie waren erleichtert, dass alles gut gegangen war, aber kurze Zeit später wurde Tjarda doch krank. Sie hatte leichtes Fieber, nichts Ernsthaftes, aber in der Zwischenzeit wurde auch kurz nach Lottchen gesehen. Der Tierarzt stellte fest, dass sie fast vierzig Grad Fieber hatte und ihre Lungen klangen auch nicht sehr gut, weswegen Mutter und Kind in die Klinik gebracht wurden. Lottchen hatte eine massive Lungenentzündung. Es war zu dieser Zeit noch warm, daher durften sie beide wieder auf die Weide, als sie wieder zuhause waren.

Lottchen bekam Medizin, doch die schlug nicht wirklich gut an. Das kleine Ding war ziemlich krank und das nächste Drama kündigte sich bereits an. Tjarda produzierte auf einmal keine Milch mehr und Lottchen musste natürlich trinken, denn sie war sowieso schon so angeschlagen. Auf Anweisung des Tierarztes musste Lottchen alle zwei Stunden eine Flasche Milch trinken. Weil die Medizin nicht anschlug, bekam sie ein stärkeres Präparat und alle vier Stunden musste sie zusätzlich eine Spritze bekommen. Wochenlang haben die Mädchen einen Zeitplan aufgestellt und abwechselnd dem Lottchen ein Fläschchen gegeben sowie die notwendigen Injektionen. Sehr langsam erholte sich dabei Lottchen wieder.

Wegen des nassen Sommers konnten die Pferde nicht länger auf der Weide bleiben, also wurden sie in den Stall geholt. Dort konnten sie auf einem umzäunten Stück Land mit einem begehbaren Stall herumlaufen. Auf diese Weise bekam Lottchen weiterhin ihre Bewegung, was gut für ihre Beinchen war. Eines Tages schaute ich Tonia zu, die mit den Pferden beschäftigt war, und streichelte Tjarda und Lottchen. Plötzlich sagte Tjarda: *„Ich will mein Kind nicht verlieren, ich will echt nicht mein Kind verlieren. Davor habe ich solche Angst."* Es war ihr sehr ernst. Ich sagte dann weiter nicht viel, aber in dem Moment hatte ich ein flaues Gefühl im Magen. Ich ließ es los, aber Tonia nicht. *„Wenn Tjarda ihr Kind nicht verlieren will, dann kaufe ich Lottchen eben"*, sagte sie. *„Tjarda bleibt sowieso hier, und dann bleibt Lottchen auch. Bevor jemand anderes sie kauft, kaufe ich sie lieber."* Und so gehörte Lottchen nun seit dem 23. September 2011 der Tonia.

An dem besagten Tag putzte sie voller Stolz ihr Lottchen und lief mit ihr umher. Lottchen hatte einen kleinen Friesen-Halfter an. Später am Tag ging Tonia nach Hause und bevor sie sich kurz hinlegte, fragte sie sich noch: *„Habe ich ihr den Halfter ausgezogen?"* Man weiß ja, wie das mit Fohlen ist. Es ist so bequem, den Halfter anzulassen, denn man bekommt sie dann schneller zu fassen – Fohlen können blitzschnell sein. Ich selbst mag das nicht, auch nicht bei erwachsenen Pferden, denn sie könnten mit dem Halfter hinten irgendwo hängen bleiben.

An diesem Abend ging ich also zum Stall, um Kinny reinzuholen, und auch Romy, meine Nichte, war inzwischen auf die Weide gelaufen, um ihr Pferd ebenfalls reinzuholen. Ich war mit Kinnys Stall beschäftigt, aber nach einer Weile dachte ich: *„Wo bleibt Romy nur, wieso dauert das so lange?"* Ein ungutes Gefühl kam in mir hoch, ich machte mir Sorgen um sie, ging sie suchen und fand Romy in dem anderen Stall. Sie war verstört und es hatte ihr die Sprache verschlagen. Was war da los?

Romy war mit ihrem Pferd um den Stall gelaufen und bekam den Schreck ihres Lebens, als sie bei den Friesen vorbeilief. Lottchen hing mit ihrem Halfter an dem Schloss vom Tor fest. Sie lag verkehrt herum auf ihrem Rücken und hängte sich buchstäblich auf. Das Blut strömte aus ihrer Nase. Romy rief Marjolein zu Hilfe und die beiden Mädchen versuchten alles, um Lottchen zu retten, aber sie bekamen sie nicht los. Es war zum verrückt werden. Sie hing mit ihrem vollen Gewicht am Halfter und trat um sich. Irgendwann hatten sie dann ein Messer zur Hand und konnten nun endlich den Halfter los schneiden – doch es war bereits zu spät, sie fiel tot zu Boden!

Kleines, starkes Lottchen – dreieinhalb Monate jung –, was hatte sie schon von Geburt an gekämpft. An diesem Mittag war sie noch so fröhlich und jetzt lag sie dort, das schwarze Püppchen. Tonia war unsagbar traurig und Tjarda auch. Sie hatte ihr Kind verloren. Sie stand da mit leerem Blick, so traurig. Und dann auch noch ihre anderen Schmerzen, denn ihr Euter war sehr voll, was schrecklich weh tut. Ich wusste auch nicht, was ich machen sollte. Ich wollte Tjarda so gerne helfen, hatte so etwas aber noch nie zuvor behandelt. Am nächsten Tag konnte ich Tjarda allerdings dann doch helfen. Zum Glück gelang es mir, das Euter zu heilen. Die Milch strömte heraus und währenddessen sprach ich mit Tjarda. Sie war wütend und traurig zugleich. Sie hatte solche Angst davor gehabt, ihr Kind zu verlieren, und nun war es passiert. Hatte sie das gewusst? Ich habe ihr jedenfalls gesagt, dass Lottchen jetzt bei Neeltje war, an dem schönsten Platz, den es gibt.

Dies war ein tragisches Unglück, aber wenn ich mit dieser Geschichte ein paar Fohlen oder Pferde retten kann, dann ist klein Lottchen nicht umsonst gestorben. Die Kleinen machen manchmal die verrücktesten Sachen: Also gut aufgepasst mit Halftern! Die Halfter muss man immer ausziehen – auch bei Pferden, die nachts draußen bleiben.

Zusammenarbeit

Ein Freund von uns hatte zusammen mit zwei Geschäftsfreunden ein sehr teures Dressurpferd gekauft. Er selbst mag Springpferde lieber, doch es schien ihnen eine gute Gelegenheit zu sein, weil mit einem solchen Pferd viel Gewinn gemacht werden kann. Eines Tages rief er mich an, weil er nicht mehr weiter wusste. Das Pferd verweigerte jede Leistung.

Als sie es kauften, war es ein Vergnügen, ihm zuzusehen. Was für ein großartiges Pferd und was konnte es laufen, doch jetzt wollte es nicht einmal mehr die einfachsten Übungen ausführen. Wenn man ein derart teures Pferd kauft, dann lässt man es natürlich von einem Tierarzt untersuchen und begutachten, und das Pferd war gesund. Um aber ganz sicher zu sein, ließen die Eigentümer das Pferd nochmals von einem Tierarzt auf körperliche Probleme untersuchen und ungeachtet der hohen Kosten, die all diese Untersuchungen und Behandlungen verursacht haben, wurde nichts gefunden.

Jetzt fuhren wir zusammen zu dem Pferd. Es stand in einem großartigen Stall – keine Hektik und eine schöne Atmosphäre für die Pferde. Am Stall lag es also nicht. Der Trainer des Pferdes ritt gerade einen jungen Hengst und man konnte sehen, dass er Erfahrung hatte. Er ritt sympathisch, ruhig und mit viel Geduld. Er stand meiner Anwesenheit etwas skeptisch gegenüber, und das kann ich gut verstehen. Wenn man einen guten Ruf hat und so gut reiten kann – was soll *ich* dann da machen? Als er mit Reiten fertig war, holte er selbst das Pferd aus dem Stall, und ich bat ihn, ein Stückchen damit zu laufen. Vor meinem geistigen Auge sah ich, dass das Pferd rechts total steif war, aber dann auch wieder nicht. *„Das kann doch auch nicht sein bei so einem guten Reiter"*, dachte ich. Wir brachten das Pferd zum Putzplatz und als ich es festhielt, fing es gleich an, fürchterlich zu gähnen. Für mich ist das ein Zeichen und ich weiß dann, dass es sich etwas von der Seele reden muss.

Es begann zu sprechen und erzählte mir, dass es erst seit kurzem in diesem Stall war. Davor stand es in einem anderen Stall und dort hatte man es nicht so geritten, wie das Pferd es gewöhnt war. *„Ich habe rechts solche Schmerzen. Alles ist hart"*, sagte es. *„Ich kann nicht arbeiten mit diesem Körper."* Als ich das dem Trainer und unserem Freund erzählte, bestätigten sie diese Geschichte. Nach dem Kauf hatten sie das Pferd fürs Training zu einem anderen Stall gebracht, aber sie hatten rasch gemerkt, dass das für dieses Pferd nicht der richtige Stall war und es wurde zu diesem, dem jetzigen Trainer gebracht. Dieser konnte das Problem zwar beseitigen, aber im Kopf dieses sehr sensiblen Pferdes bestand es noch immer: rechts war alles hart!

Das war während der Behandlung auch gut zu sehen. Links reagierte er kaum, aber rechts begann er stark zu zittern. Ich sagte ihm, dass er das jetzt loslassen müsse und der Schmerz jetzt weg wäre. Er habe einen guten und lieben Reiter und müsse wieder so werden wie früher: ein brillantes Dressurpferd, das wir alle bewundern können, wenn es in den Ring kommt. Ich musste zwar tüchtig auf ihn einreden, doch er versprach mir, sein Bestes zu geben. Nun war er müde von der Behandlung und stellte das eine Bein vor das andere, um nicht umzufallen, woraufhin wir ihn schnell in den Stall brachten. Anschließend haben wir noch besprochen, wie es weitergehen würde, und in ein paar Wochen würde ich wieder zurückkommen.

Als es dann soweit war, hatte sich das Pferd enorm verändert. Da stand ein großes, starkes Pferd, das die Behandlung genoss. Es war nicht mehr müde und es lief fantastisch. So eine Zusammenarbeit finde ich großartig und kann es richtig genießen. Ich darf etwas sehen, was kein Arzt oder Reiter sehen kann, aber dadurch, dass alle zusammenarbeiten, steht da ein fantastisches Pferd, das in Kürze jeden in Staunen versetzen wird. Ich hoffe von ganzem Herzen, dass dieses Pferd bei diesem Reiter bleiben darf. Sie bilden ein sehr gutes Team, doch wie das im Sport so geht – man weiß nie, wie lange so etwas andauert.

Top-Hengste

Familie Van de Lageweg aus Beers hatte mich gebeten, einen drei-
jährigen Hengst zu behandeln. Er war während dem Freispringen
furchtbar angespannt und versagte – und er musste schon in ein
paar Tagen zur KWPN-Hengstleistungsprüfung (Königliches
Warmblutpferd der Niederlande). Van de Lageweg, auch bekannt
als VDL Stud, ist ein internationaler Pferdebetrieb, der im Nor-
den der Niederlande liegt. Für uns war das ein ganzes Stück zu
fahren, aber dort angekommen, wurden wir herzlich empfangen
mit Kaffee und echtem friesischen Kuchen.

Alle waren anwesend und vor allem neugierig, was ich hier
machte, und der jüngste Hengst wurde zum Putzplatz gebracht.
Es ist nicht immer angenehm, mit jungen Hengsten zu arbeiten,
doch dieser war lieb. Er fand die Behandlung herrlich und erzählte, dass er so angespannt war, weil er seinen Stall nicht mochte. Er
wollte gerne neben einem anderen Pferd stehen. Auch gab er viele
persönliche Details preis, womit niemand gerechnet hatte. Diese
standen in Verbindung mit Eliza, eigentlich Elizabeth, benannt
nach ihrer viel zu jung gestorbenen Mutter.

Eliza und ihr Freund arbeiteten viel mit diesem Hengst, deshalb erzählte er mir diese persönlichen Details. Was gesagt wurde,
ist privat und gehört nicht in dieses Buch. Jedenfalls wusste der
junge Hengst, dass sie traurig war, und erzählte es mir. Ich fühlte,
dass sich die Familie Van de Lageweg Sorgen um sie machte und
sie so gut wie möglich unterstützte. Nach dieser emotionellen
Sitzung wurde der junge Hengst in einen anderen Stall gebracht
und später hörte ich, dass er gut durch die Prüfung gekommen
war.

Emilion

Das zweite Pferd war eine schöne Stute, die in letzter Zeit sehr nervös erschien. Während der Behandlung fühlte ich, dass sie ein Magengeschwür hatte und ihre Gebärmutter nicht gut lag. Sie reagierte gut auf meine Behandlung, dennoch wollte ich ihr gerne noch ein paar zusätzliche Behandlungen geben, denn so etwas löst man nicht mit einem Mal auf.

Als drittes Pferd kam der wunderschöne, dunkelbraune Hengst Emilion, der Liebling des Stalls, der bereits 26 Jahre alt war, was man ihm wirklich nicht ansah, er sah sogar sehr gut aus. Während der Behandlung konnte ich feststellen, dass er sich auch so fühlte und machte seine Arbeit als Deckhengst noch immer mit viel Begeisterung. Ein bisschen klagte Emilion allerdings doch: Er fand das Decken früher viel schöner. Er hatte lieber eine schöne Stute vor sich als das Deckphantom, auf das er springen musste. Was haben wir gelacht über die alte Naschkatze!

Emilion vermisste Anton sehr, das war der Hund, der immer vor seinem Stall gelegen hatte und vor einer Weile gestorben war. Ansonsten hatte er nichts zu meckern. Er hatte ein gutes Leben und für viele berühmte Nachkommen gesorgt, wie zum Beispiel

VDL Bubalu mit Jur Vrieling

Seldana, Gewinnerin der Silbermedaille bei den Weltreiterspielen in Kentucky mit Abdullah Al-Sharbatly, und Emmerton, der beeindruckende niederländische Springmeister mit Jur Vrieling.

Aus dem Stall von Familie Van de Lageweg kamen viele berühmte Sportpferde. Eines davon ist Bubalu, den ich mal bei Jur Vrieling zuhause behandelte. Ich wurde gefragt, ob Bubalu etwas gesagt habe, doch dazu konnte ich mich nur ganz kurz äußern. Bubalu ist wie ein zahmes Schaf, und das Einzige, was er sagte, war: *„Ich will nicht von Jur weg, ich habe es hier so gut."* Das verstehe ich gut, denn die beiden formen eine Einheit. Vor allem wird Bubalu nach dem Reiten von Jur immer gründlich gekuschelt. Im März 2012 gewann der Hengst eine internationale Rubrik im französischen Strazeele. Wenn ein Pferd sich gut fühlt, dann kann es passieren, dass es keine Lust hat, über etwas zu reden und sich still verhält, worüber ich im Grunde froh bin.

VDL Stud ist ein Familienbetrieb. Was irgendwann als Hobby begann, ist jetzt ein weltweit bekannter Betrieb, der bereits zahlreiche Meisterpferde hervorgebracht hat. Indoctro, Emilion, Indorado und Corland sind einige der Top-Pferde, die sie noch immer für die Züchtung zur Verfügung stellen, aber auch Legenden wie Ahorn, Nimmerdor und Wellington kamen aus diesem Stall. Solche Erfolge sind natürlich nur durch harte Arbeit zu erreichen, durch einen unermüdlichen Einsatz und mit Liebe und Hingabe für den Pferdesport in all seinen Facetten. Die Familie Van de Lageweg wurde vom niederländischen Warmblutzuchtverband KWPN als Züchter des Jahres 2009 geehrt, eine Auszeichnung für all die harte Arbeit. Und viele weitere folgten!

Mozart und Britt

Nachdem ich den ganzen Morgen in einer Manege gearbeitet hatte, setzte ich mich kurz nach draußen in die Sonne und trank etwas. Es war ein schöner Tag und ich genoss das warme Wetter. Eine Dame lief vorbei und ich sprach sie einfach so an. *„Du machst Dir Sorgen um zwei Hunde, stimmt das?"* Überrascht blieb sie stehen und erzählte mir, dass das tatsächlich stimmte. *„Ich weiß nicht mehr weiter"*, sagte sie. Ich begann ihr zu erzählen, was ich sah. *„Du hast einen Rüden, der hier große Schmerzen hat."* Ich zeigte mit meiner Hand auf ihren Rücken. *„Und dann ist da noch eine Hündin, aber ich weiß nicht so genau, was mit ihr los ist."* Ich bot ihr meine Hilfe an. Die Frau hieß Angelique und wir verabredeten einen Termin bei ihr zuhause.

Vor meiner Nase standen zwei starke Bullterrier, Mozart und Britt. Bullterrier sind kräftige, muskulöse Kampfhunde, die vor langer Zeit beim Stierkampf eingesetzt wurden. Sie haben starke Kiefer, doch wenn sie in guten Händen sind, sind es fantastische, liebe Hunde. Es war schon immer der Traum meines Mannes gewesen, irgendwann einen Bullterrier zu haben und Mozart lief gleich auf mich zu. Angelique wollte ihm auf meine Bitte hin einen Maulkorb anlegen, doch Mozart sagte: *„Ich tu Dir nichts. Hilf mir einfach."* Ich begann mit seinem Rücken, weil da der Schmerz saß. Sie dachten, dass dies vom Herumtollen mit Britt kam. Während dem Spielen waren sie zusammengestoßen und Britt hinkte danach.

Doch Mozart erzählte eine ganz andere Geschichte. Im Haus stand ein niedriger Wohnzimmertisch und darunter hatte er festgesteckt, was die Schmerzen in seinem Rücken verursachte. Und die konnte ich Gott sei Dank beseitigen. Mozart erzählte jedoch noch mehr. Er war traurig und wollte keine Shows mehr laufen, weil Dirk ihn nicht mochte. „*Wer ist Dirk?*", fragte ich Angelique. „*Oh, Du kannst wirklich mit ihnen reden*", sagte sie. „*Dirk ist mein Mann, aber er heißt eigentlich Dick. Nur hier im Haus nennt jeder ihn liebevoll Dirk. Das weiß wirklich niemand und ich habe Dich gerade erst kennengelernt!*" Sie war verblüfft. Mozart erzählte mir mehr über Dirk. „*Er will mich nicht*", sagte er traurig. „*Ich bin nur ein Ersatz. Er liebt immer noch seinen alten Hund. Der ist gestorben und kurz danach kam dann ich.*" Angelique bestätigte die ganze Geschichte. Natürlich war ihr Mann gut zu Mozart, aber er fühlte keine Liebe für ihn. In Gedanken war er noch immer bei seinem alten Gefährten. Ich verstehe das schon: Dein guter Freund ist gestorben und dann kommt da direkt ein anderer, um seinen Platz einzunehmen und der Kummer ist dann noch zu groß. Inzwischen war Mozart schon gut anderthalb Jahre im Haus und er wollte Dirk nun als Freund.

Vor meinem geistigen Auge sah ich eine Hundeshow in Belgien. „*Ja, das stimmt. Die ist am nächsten Sonntag*", sagte Angelique. „*Auch wenn es keinen Sinn hat, weil Mozart nicht hören will.*" „*Erzähle Deinem Mann diese ganze Geschichte und lass ihn mich gegebenenfalls anrufen. Ich sehe Euch nach Belgien fahren. Das wird alles gut!*", vertraute ich ihr an.

Jetzt war Britt an der Reihe, die Hundedame. Ich fühlte mich in sie hinein, bekam aber keine Schmerzen an meiner Schulter. Ich suchte weiter und bemerkte, dass ihre Gebärmutter geknickt war. Das konnte ich sofort wieder in Ordnung bringen und Britt lief wieder gut. Britt war verliebt in Mozart und wollte gerne Welpen von ihm. „*Oh, großartig, aber sie muss noch ein bisschen warten, denn sie sind noch zu jung*", sagte Angelique. „*Wenn es so weit ist, dann ist eine Hündin dabei, mit einem braunen Fleck rund ums Auge, und die wollt Ihr dann behalten. Und ich komme dann*

Isis und Mozart

auf gar keinen Fall mit meinem Mann vorbei, ansonsten ist sie sofort verkauft.", scherzte ich.

Noch am gleichen Abend rief sie mich an. Sie hatte Dirk die ganze Geschichte erzählt, und er saß danach sehr lange allein mit Mozart im Gang. Als er wieder hereinkam, sagte er: „*Melde uns mal für die Hundeshow an. Wir fahren nach Belgien.*" An diesem Sonntag rief eine fröhliche Angelique an: Mozart war Erster geworden in der Jugendklasse – endlich akzeptiert und geliebt von seinem Herrchen. Ich fand das fantastisch und später hörte ich, dass Britt von Mozart einen netten Wurf bekam. Ein Welpe war sehr speziell: eine weiße Hündin mit einem braunen Fleck rund ums Auge. Die fanden sie so besonders, dass sie sie behielten. Sie bekam den schönen Namen Isis, benannt nach der Mondgöttin.

Angelique und Dirk züchten diese Hunde mit viel Liebe und haben inzwischen schon viele Preise gewonnen. Mozart ist ein ganz besonderer Hund und weicht seinem Herrchen nicht von der Seite. Gott sei Dank konnte ich ihn verstehen und ihm helfen, sich mitzuteilen. „*So treu wie ein Hund...*", sagt man – ein wahres und wundervolles Sprichwort.

Jimmy

Jimmy war unser großer, starker Rottweiler. Er vergötterte unsere ganze Familie und wir ihn. Jimmy war fast immer bei seinem Herrchen, meinem Mann, also musste ich nur ab und zu mit ihm spazieren gehen – zum Glück, denn Jimmy war sehr beschützend und niemand durfte in meine Nähe kommen, vor allem keine großen Hunde, die hätte er umgebracht. Jimmy hatte sein Leben lang Magenprobleme und wir gingen oft zum Tierarzt, doch irgendwann war der Zeitpunkt gekommen, dass ich ihn selbst behandeln konnte – denn er selbst war es, der darum bat. Der Schmerz blieb dann *„schön lange weg"*, wodurch wir eine starke, innere Verbindung bekamen.

Der Kummer über sein Dahinscheiden war lange präsent, doch wir haben das schließlich losgelassen und in unseren Herzen tragen wir ihn immer bei uns. Doch leider will Jimmy *uns* noch nicht loslassen. Und ich will das gerne mal beschreiben, wohlwissend, dass das ein bisschen düster rüberkommt, während ich selbst überhaupt nicht so bin. Gerne möchte ich meine Angst vor großen Hunden erklären.

Wenn ich in einen neuen Stall komme, geht meine Freundin immer zuerst fragen, ob da große Hunde frei herumlaufen, und falls ja, ob sie dann kurz weggeschlossen oder festgebunden werden können. Erst dann traue ich mich, aus dem Auto herauszukommen. Zuhause haben wir zwei große amerikanische Bulldoggen und im Stall läuft ein Rottweiler herum, damit habe ich keine Probleme. Unser verstorbener Jimmy, der oft (unsichtbar) an meiner Seite ist, akzeptiert das, weil wir die anderen Hunde lieben, aber da hört es dann auch auf. Jimmy läuft sehr oft neben mir, um mich zu beschützen. Doch alle Tiere sind intuitiv, das

Jimmy

weiß ich, und manche Hunde sehen Jimmy dann auch – einen knurrenden Hund aus einer anderen Welt. Sie wollen ihn beißen, doch das geht nicht, also beißen sie mich!

Einmal behandelte ich eine schrecklich gestresste Stute, die an zwei Seiten festgehalten wurde, doch sie hörte nicht auf, sich aufzubäumen. Sie schlug durch Sandy und meine geistigen Indianerführer hindurch. Dabei waren viele Menschen anwesend, darunter ein Mann mit einem lieben Hirtenhund zu seinen Füßen. Für sie war es das erste Mal, dass sie mich bei der Arbeit sahen und waren deshalb mucksmäuschenstill. Plötzlich passierte es, Jimmy stand vor der Stute, knurrend und mit fletschenden Zähnen. Das Pferd erschrak fürchterlich, blieb aber still stehen. Jeder guckte zu dem Mann mit dem Hund. *„Das war nicht mein Hund"*, hörte ich ihn sagen, *„der ist still."* Ich hielt meinen Mund, denn in dem Moment war ich froh, dass die Stute ruhig war.

Es gibt nur wenige Reiter, die das von mir wissen, deshalb will ich mit dieser Geschichte meine Angst vor großen Hunden erklären, denn im Grunde habe ich überhaupt keine Angst vor ihnen. Ich habe schon sehr vielen Hunden geholfen. Einer der wenigen, die dies von mir wissen und auch Rücksicht darauf nehmen, ist Tim Lips. Als wir zum ersten Mal zu seinem neuen Stall fuhren, sagte ich schon zu meiner Freundin: *„Ich fühle, dass da ein Rottweiler anwesend ist."* Im Auto bekam ich eine SMS von Tim: *„Paulien, Du musst den zweiten Eingang nehmen. Da kannst Du besser parken."* Meine Freundin kontrollierte erst den Stall, bevor ich ausstieg. Tim kam angelaufen und sagte: *„Komm ruhig raus, der Rottweiler sitzt am ersten Eingang bei den Nachbarn."*

Lieber Jimmy, lass das Frauchen los, ich sehe Dich wieder, wenn ich auch dort „drüben" bin. Lass mich in Frieden herumlaufen, ohne vor anderen Hunden Angst haben zu müssen, und lass mich den Hunden wieder helfen, genauso wie ich Dir geholfen habe. Du bleibst doch immer unser großer, starker Liebling.

Tierärztin mit Leib und Seele

Als ich meiner Tierärztin Erica zum ersten Mal begegnete, ging ich zusammen mit ihr zu Roos, ihrem großen Schimmel – ein gesundes Pferd, aber in letzter Zeit eine ziemlich starrköpfige Tante. Erica war deswegen frustriert. Das ist verständlich, denn sie hatte sich auf Pferde spezialisiert. Und bei Roos kam ich schnell dahinter, was das Problem war. Sie bezog den Stress von ihrem Frauchen auf sich selbst und war ihr Verhalten satt. Roos war der Meinung, dass ihr Frauchen mit ihren Gedanken hundertprozentig bei ihr sein müsse, wenn sie sich mit ihr beschäftigte, und nicht bei all den anderen Pferden.

Das Pferd fühlte den Kummer, der bei ihr hängen blieb, wenn sie zum Beispiel ein Pferd einschläfern musste oder einen anderen traurigen Fall hatte, denn manchmal ist es schwer, so etwas loszulassen. Es ist eine fantastische Arbeit, aber oft auch sehr traurig und das Pferd ließ mich viele solcher Situationen sehen. Durch die Gespräche, die wir miteinander führten, geht sie mit Roos inzwischen anders um. Sie nennt Roos jetzt liebevoll ihr „Lehrpferd" und versucht, die Dinge nicht an sich heranzulassen und die Zeit mit ihrer Stute zu genießen.

Erica und ich erleben zusammen schöne Dinge, denn sie ist sehr interessiert an meiner Arbeit und ich an ihrer. Manchmal gehe ich mit ihr zu einem Patienten mit und sage ihr dann, was ich sehe und fühle, wobei meine Wahrnehmungen nach gründlicher und fachkundiger Untersuchung durch sie bestätigt werden können. Als Tierärztin gilt ihre Aufmerksamkeit immer auch den Besitzern. Sie versucht, diese so gut wie möglich zu unterstützen und zu informieren, sodass sie nach der Behandlung ruhigen Herzens nach Hause fahren kann.

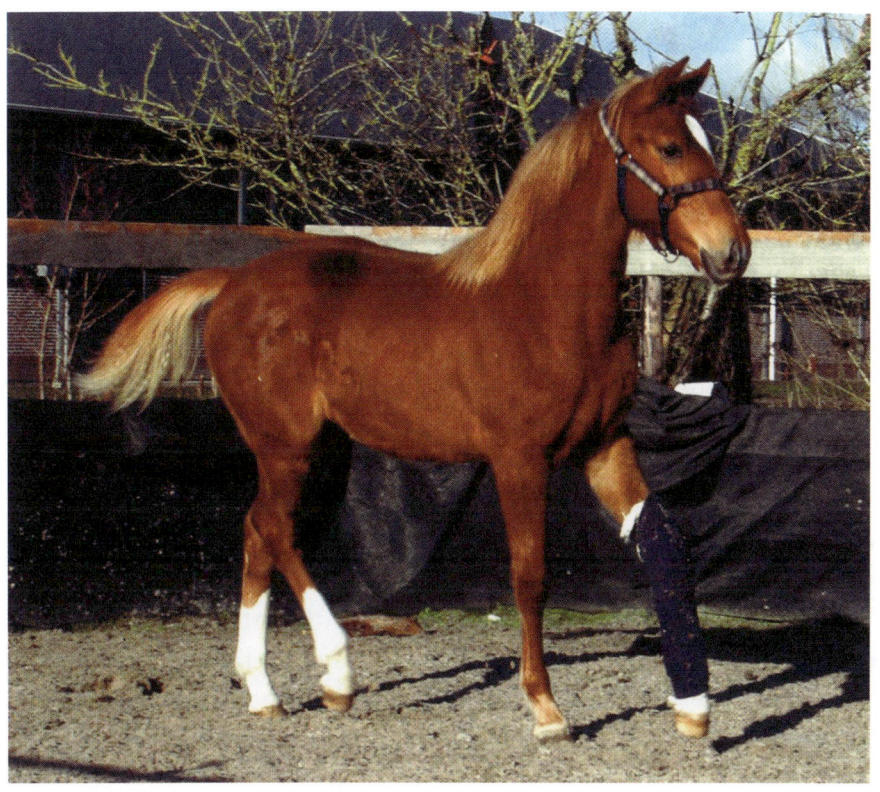

Lente, Ericas Pferd

Wir lachen auch viel zusammen. Eines Abends hatte sie Bereitschaftsdienst, aber sie ging davon aus, dass es ein ruhiger Abend werden würde. *„Ich gehe mal kurz reiten"*, sagte sie. *„Es ist sowieso nicht viel zu tun."* Ich sah sie an und sagte: *„Zieh die Reitkleidung mal besser aus, sie rufen gleich an für einen Hackney mit einer Schlundverstopfung."* *„Ach was"*, sagte sie. Bereits ein paar Minuten später klingelte das Telefon und sie wurde gebeten, so schnell wie möglich wegen eines Pferdes mit einer vermutlichen Schlundverstopfung in die Klinik zu kommen. Ich stieß sie an und fragte flüsternd: *„Was für ein Pferd ist es?"* Sie fragte nach. *„Oh, ein*

145

Hackney! Ich komme gleich." Sie rannte los und rief lachend: *„Du wieder...!"*

Wir haben schon viel zusammen erlebt. Erica wollte gerne ein Fohlen von Roos, und das kam auch, eine schöne Fuchs-Stute. Sie bekam den Namen Festina Lente. Festina war für ihren Vater ein besonderer Name und Lente (niederl.: *Frühling*) stand für einen Neubeginn. Mutter und Tochter konnten nach Herzenslust auf der Weide rennen und spielen, und Lente wuchs wie Unkraut. Doch als Lente ein Jahr alt war, hatte sie einen schrecklichen Unfall. Sie rannte durch einen Elektrozaun und bekam dabei eine sehr große Wunde an der Schulter. Ihr Frauchen rief mich total verstört an und fragte, ob ich kommen könnte. Als ich Lente sah, erschrak ich fürchterlich. Die Brust und ihr Vorderbein lagen offen und Blut strömte heraus – ich dachte, sie stirbt uns weg.

Lente wurde in die Klinik gebracht und dort unter Betäubung stundenlang genäht. Anschließend wurde ihr Bein von oben bis unten dick verbunden und sie durfte schließlich mit nach Hause zu Roos, die verstört im Stall stand. Am nächsten Tag sah ich erst, wie schlimm es war. Erica erklärte es mir: Auf dem Bug (Brust) war ein langer, tiefer rechtwinkliger Schnitt, so tief, dass man das Brustgelenk sehen konnte. An ihrem Bein war eine horizontale Schnittwunde an der Außenseite des Knies. All die Nähte auf der Brust – davon konnte einem übel werden. Und wie kann man jetzt so ein energiegeladenes Pferdchen *ruhig* im Stall stehen lassen?

Die Antibiotika schlugen nicht an und die Nähte gingen zu früh auf. Der Bug und das Bein waren zudem rot und es kam Eiter heraus. *„Oh weh!"*, sagte Erica. *„Jetzt tritt auch noch Hypergranulation auf – die Wundränder sind auch schon weich."*

Diese Fachwörter kannte ich nicht. *„Wildes Fleisch",* sagte sie, *„muss später weggeschnitten werden."* Ich wollte Lente helfen. *„Lass mich das mal machen. Du bleibst nicht dabei mit all Deinem Stress. Ich mache das alleine, es wird nichts geschnitten",* sagte ich. Ich begann nun, Lente zu behandeln und wollte vor allem ihren Kopf frei bekommen, sodass sie ruhig bleiben würde. Mit der Wunde auf dem Bug war ich sehr vorsichtig. Doch Lente ließ alles mit sich geschehen, selbst wenn ich manchmal stundenlang mit ihr beschäftigt war.

Durch den dicken Verband hindurch fühlte und sah ich die Wunde an ihrem Knie zuwachsen. Nach vier Tagen wurde der Verband abgenommen und zu unserem großen Erstaunen war die Wunde zu und es hatte sich neues Hautgewebe gebildet. Wir weinten vor Freude. *„Du auch immer mit Deinem Hypergranudingsda",* sagte ich lachend. Lente musste noch vier Wochen in der Box bleiben. Während all dieser Zeit behandelte ich sie hauptsächlich dadurch, Ruhe in ihren Kopf zu bringen.

Dann endlich, Wochen später, durfte sie wieder nach draußen. Wir waren äußerst gespannt, was sie tun würde. Würde sie total ausflippen? Aber nein, Lente genoss die frische Luft und schaute sich um – wie hat sie das genossen nach der langen Ruhezeit…

Alles ist komplett verheilt. Niemand kann ihr ansehen, was passiert ist. Nicht ein Haar ist am falschen Platz. Ich habe hierdurch ein sehr spezielles Band mit Roos und Lente, aber auch mit meiner allerliebsten Tierärztin und Freundin. Durch unsere Liebe für Pferde helfen wir einander, wenn wir traurige Dinge mit ihnen erleben – denn wir können nicht alle retten. Vor einiger Zeit fragte ich sie: *„Wie hältst Du das aus?" „Paulien",* sagte sie, *„ich habe*

in meinem Arbeitszimmer alle möglichen Fotos von speziellen Pfer-
den an die Wand gehängt, und in der Mitte hängt ein Foto von Dir
mit Neeltje, als Du Dich von ihr verabschiedet hast – traurig, aber
auch sehr schön. Wenn ich mir dieses Foto ansehe, weiß ich wieder,
warum ich Tierärztin geworden bin. Jedes Pferd ist etwas Besonde-
res und wir gehen beide bis zum Äußersten, um ihnen zu helfen."

Wir setzen uns auch für die herzzerreißendsten Fälle der Welt
ein, die Pferde und Eselchen vom „Brooke Hospital for Animals",
eine Organisation, die es sich zum Ziel gesetzt hat, den Pferden
und Eseln der allerärmsten Menschen der Welt kostenlos zu helfen. Wir hoffen, dass die Bevölkerung durch dieses gute Vorbild
einsieht, dass ein Lasttier, das gut behandelt und versorgt wird,
besser arbeiten kann. Indirekt helfen wir so den ärmsten Menschen in ihrer Existenz. Wir unterstützen dieses Ziel voll und
ganz, und ich möchte alle bitten, sich die Internetseite anzusehen
(*www.thebrooke.org*). Jede Spende ist herzlich willkommen und
jedes Eselchen oder Pferd, das hierdurch ein tierwürdiges Leben
haben kann, ist gerettet!

Anmerkung meiner Freundin Erica

*„Ich habe Paulien kennenlernen dürfen als Fachfrau mit einer enor-
men Hingabe für Tiere im Allgemeinen und Pferde im Besonderen.
Davon abgesehen, dass wir verschiedene Herangehensweisen haben,
lernen wir viel voneinander. Oft führen wir inspirierende und mo-
tivierende Gespräche über das Wohlsein und das Versorgen von
Pferden. Ihre Herangehensweise und Arbeitsweise geht weit über das
Wissen, das ich bei meiner Ausbildung angesammelt habe, hinaus,
und ich kann es mit meinem logischen Verstand nicht erklären –
mehr noch: Ich will es nicht mehr erklären, sondern erfahren. Wenn
ich etwas gelernt habe von Pauliens Arbeit, dann das, dass man nicht
alles, was man sieht, auch erklären können muss. Wenn es so ist,
dann ist es einfach so. Pauliens Leidenschaft ist ansteckend. Sie arbeitet aus dem Herzen heraus. Leidenschaftlich, zuverlässig, ihre
Grenzen kennend und mit viel Respekt für Kollegen und ihre Arbeit
in anderen Fachgebieten, geht sie an die Arbeit.*

*Paulien ist wirklich bereit, jedem zu helfen. In einer Welt, in der
Geld und Emotionen aller Art dominieren, ist das Arbeiten nicht
immer einfach. Obwohl unsere Arbeit sehr seriös ist, hat Paulien einen besonders ansteckenden Humor, was immer dafür sorgt, dass –
trotz der schwierigen und ergreifenden Momente – die positive Ein-
stellung die Oberhand behält und wir mit beiden Beinen auf dem
Boden bleiben! Sie ist immer in der Lage, Dir wieder gerade genug
Energie zu geben, um das Feuer am Brennen zu halten – kurzum,
für mich eine enorm inspirierende Persönlichkeit. Ich bin sehr dankbar, dass ich ihr begegnen durfte.“*

Apache

2010 hatte ich einen Termin mit Yuki Hari, einem Japaner mit einem großen Stall in den Niederlanden und einem in Japan. Ich hatte zwar von ihm gehört, war ihm aber nie persönlich begegnet. Diesen Mann bewunderte ich sehr, denn bei Wettbewerben sah ich seine Pferde und Reiter springen, und ich hörte viel Gutes über ihn. Mit neunzehn Jahren war er in die Niederlande gekommen, um hier im Pferdesport weiterzukommen, wobei er sehr viele große Titel gewonnen hat, doch nie darüber spricht. Zudem trainiert er auch die Jugend in Japan. Er ist sehr bescheiden und seine schöne Art zu reiten machte auf mich einen so tiefen Eindruck, sodass ich immer voll Bewunderung zuschaute, wenn Yuki Hari in den Ring kam.

Nach einem Turnier fuhr der Wagen immer sofort nach Hause. Yukis Motto war stets: *„Erst essen die Pferde, dann wir!"* Und es war mir eine Ehre, für ihn arbeiten zu dürfen. Was sind Japaner doch für respektvolle Menschen. In seinem Stall standen sehr viele Pferde, Hengste und Stuten, alles durcheinander, doch man hörte sie nicht, so ruhig war es. Auch Yuki Hari und sein Personal strahlen diese Ruhe aus. Seine wunderschöne Frau Shiori und sein Töchterchen Cocolo habe ich gleich in mein Herz geschlossen, und zwischen Yuki und mir klickte es sofort.

Auch Yuki hat die Fähigkeit, ein Pferd lesen zu können, und allein durch Hingucken kann er den Charakter eines Pferdes beschreiben. Doch Yuki hatte ein großes Problem: 2009 bekam er ein fünfzehnjähriges Pferd aus Japan, das für die „Asian Games" vorbereitet werden musste. Die „Asian Games" sind für die Asiaten das Gleiche wie für uns die Olympischen Spiele, nur dass hier ausschließlich die asiatischen Länder teilnehmen. Dieses Pferd war Worldcup-Wettbewerbe gelaufen und man war davon überzeugt, dass es mit Atsh, seinem Reiter, bei den „Asian Games" eine sehr gute Chance haben würde. Der Vater von Atsh war gleichzeitig der Besitzer dieses Pferdes.

Als das Pferd in den Niederlanden ankam, erschrak Yuki, denn dieses Pferd konnte auf keinen Fall so einen schweren Wettstreit laufen, dafür war es nicht gesund genug und hatte darüber hinaus Arthrose. Normalerweise würde er so ein Pferd zurückschicken, aber inzwischen verstehe ich die japanische Kultur ein wenig: das wäre respektlos. Yuki hatte die schwere Aufgabe, Pferd und Reiter für China fit zu machen. Zwei Tage vor meiner Ankunft war der Tierarzt nochmals dagewesen und hatte erklärt, dass es dem Pferd gegenüber fairer wäre, es einzuschläfern. Yuki wollte dieses Pferd jedoch nicht aufgeben und bat mich, nach ihm zu sehen, also gingen wir zu ihm. Es hieß Asterix – ein großer Schimmel. Was habe ich mich erschrocken: Der Tierarzt hatte Recht.

In dem Moment, als ich dem Pferd in die Augen sah, erschien sofort einer meiner stärksten Indianerführer. Ich wusste es: In diesem Pferd schlummerte eine alte Seele. Zusammen mit diesem schönen Indianer konnte der Schimmel sein ganzes vorheriges Leben beschreiben. Er war ein wichtiges Pferd eines großen Kriegers der Apachen gewesen, und wenn es Winter war, wurde er oft ins Tipi gebracht, wo er mit seinem Herrchen schlief – die Familie schlief dann bei anderen Indianern im Zelt. Er wurde gesund erhalten und musste fit sein für die Jagd und den großen Feind, „den weißen Mann". In seinen Augen konnte man den Kampfgeist sehen, doch der Körper war kraftlos. Das sagte ich ihm ehrlich und er müsse sich mit der Tatsache abfinden, dass es für ihn vorbei war. „Nein!", sagte er. „Hilf mir! Dies ist nichts im Vergleich zu dem, was ich bei den Apachen mitgemacht habe. Ich habe *so viele Wunden gehabt und ich habe mich immer wieder erholt. Lass mich noch ein letztes Mal strahlen bei einem großen Wettbewerb. Ich will das für Yuki, aber vor allem für mich selbst. Ich kann das, glaube mir!"*

"Ich will es versuchen", sagte ich, *"aber dann muss ich Dir sehr weh tun. Du bekommst die schwerste Behandlung. Ich muss Dein Herz im Auge behalten, denn ich habe Angst, dass Du einen Herzinfarkt bekommst."* *"Macht nichts",* erwiderte er, *"ich mache das schon."*

Ich erklärte es Yuki und Atsh und sie fanden, dass wir den Wunsch dieses Pferdes respektieren mussten. Ich begann meine Behandlung und fand es wirklich furchtbar, was ich diesem Pferd antun musste. Es flog vor Schmerzen in alle Richtungen. Normalerweise trampelt ein Pferd Dich tot bei dieser Behandlung, doch er holte nicht ein einziges Mal nach mir aus. Er ertrug es, bis er davon beinahe umfiel, und als es genug war, ging er todmüde in seinen Stall zurück. Wir alle mussten uns jetzt erholen, denn so eine starke Behandlung hatte ich noch nie erlebt. Als ich losging, bat ich Yuki, mich über „Apache" auf dem Laufenden zu halten – seit diesem Tag war das nämlich sein Name. Nach einigen Tagen rief Yuki an, um zu erzählen, dass der Tierarzt vor einem Rätsel stand. Apache war gesund, lief sauber und war fröhlich. Selbst mir war das unbegreiflich.

Eine Woche später kam ich nochmals zurück, zusammen mit meinem Mann. Jim wollte dieses besondere Pferd auch gerne sehen und Apache begann sofort, in Indianersprache mit mir zu reden, was ich Jim dann übersetzte. Ich verstand fast kein Wort, doch Jim fand es großartig, die zwei verstanden sich prima. Apache sagte, dass ich ihm wieder helfen musste, denn er würde nach

China gehen. „*Das geht doch nicht*", sagte ich zu Yuki. „*Ihr habt nur noch fünf Monate. Er ist jetzt gesund, aber das Training muss noch beginnen. Er hat schon sehr lange nichts mehr getan und dann gleich zu den 'Asian Games' – das ist unmöglich.*" Ich behandelte ihn und da war kein Schmerz oder Stress mehr, er fand es herrlich, weshalb beschlossen wurde, dass sie ganz langsam wieder mit dem Training anfangen würden. Apache wurde zwar manchmal etwas langsamer, doch er kämpfte hart. Er war seines Namens würdig, ein echter Apachenkrieger eben.

Die Verbindung zwischen Apache und mir wurde immer stärker und es fühlte sich für mich an, als sei er von mir – ich liebte ihn. Auch das Band zwischen unseren Familien wuchs, es wurde so stark, so sauber und so liebevoll. Es war herrlich zu sehen, wie mein Mann mit seinem besten Freund Yuki lauthals lachen konnte, dass Shiori und klein Cocolo nach draußen rannten, wenn ich kam, und wir uns in die Arme fielen, genauso wie der Rest der Lieben, die dort so hart arbeiteten.

Die Monate vergingen wie im Flug. Yuki arbeitete hart mit Atsh und Apache. Es war einfach ein Wunder, dass ein bereits aufgegebenes Pferd jetzt auf Topniveau Leistung erbrachte. Apache ging nach Aachen in Quarantäne, um ein paar Tage später nach China zu reisen.

Am Samstagabend rief Yuki aus Aachen an: Apache ging es nicht gut. Wie schrecklich – sollte alles umsonst gewesen sein? Früh am Sonntagmorgen fuhr ich nach Aachen, um Apache zu behandeln, denn ein paar Stunden später fand die klinische Begutachtung statt. Ich lief mit und schickte alles Mögliche in den Kopf unseres starken Schimmels. Ich sah ihn zu mir schauen, und wie ein echter Krieger blickte er zu mir zurück. Danach musste er einen hohen Parcours springen, was ihm leicht fiel und somit war es entschieden: Er würde mit nach China reisen. Und wie immer hatte er das letzte Wort: Auch ich musste mit! Natürlich konnte ich diese Bitte von so einem großartigen Pferd, das wir alle so sehr respektierten, nicht abschlagen. Also machten wir uns auf die lange Reise. Als wir einen Monat später im Hotel in Guangzhou ankamen, stellten wir, obwohl wir hundemüde waren, nur schnell die Koffer ab gingen alle drei zu Apache.

Das Stadion war wunderschön. Zu den Pferdeställen musste man ein ganzes Stück laufen, doch es gab ein großes Problem: Sie hatten nur einen Pass für Yuki bereitgelegt, weswegen Jim und ich nicht zu den Pferden durchkamen. Die Sicherheitsvorkehrungen in China waren erschreckend – hunderte Soldaten waren präsent, ich konnte also echt nicht zu den Ställen mitkommen. Ich hörte Apache nach mir rufen, so nah und doch so fern. Ich weiß nicht, wo ich in dem Moment den Mut hernahm, aber ich fragte eine Reiterin aus Thailand, die ich bereits aus Holland kannte, nach ihrem Pass, steckte ihn in meine Jacke, sodass man die Bändchen hängen sah, und lief Richtung Ställe. *„Pass bloß auf"*, sagten mein Mann und meine thailändische Freundin, *„dafür geht man in China ins Gefängnis."* *„Das wird schon gut gehen."*, meinte ich und lief ruhig durch alle Sicherheitsvorkehrungen hindurch zu den Ställen. Bei der japanischen Flagge lief ich hinein und bekam zur Begrüßung ein kräftiges Wiehern von meinem Liebling. Yuki machte sich Sorgen, weil ich da so hereingelaufen kam, aber ich war schließlich den ganzen Weg nach China gekommen, um Apache zu behandeln, dann würde ich das auch tun. Es gelang mir jedes Mal, zu seinem Stall zu kommen – auch zusammen mit meinem Mann.

Einen Tag vor Beginn der „Asian Games" musste Apache, ebenso wie alle anderen Pferde, den Parcours springen. Wir nahmen das auf Video auf und es lief großartig. Es wurde sogar gesagt, dass er das beste japanische Pferd war. Nach einem weiteren dicken Kuss von mir sagte Apache: *„Siehst Du jetzt, dass ich das kann? Ich bin und bleibe eine Indianerseele."* Das war er bestimmt!

Am nächsten Morgen war ich mit Yuki bei Apache in den Ställen und es herrschte eine seltsame Atmosphäre. Nachdem ich mich in Apache hineingefühlt hatte, bekam ich einen schrecklichen Schmerz in meinen Beinen zu spüren. Ich fühlte seine Vorderbeine, die bereits mit Kühlgel eingerieben waren, aber ich dachte, dass ich mir die Hände verbrannte. Ich fragte Apache, was passiert war. *„Nichts"*, sagte er, *„geht zur Tribüne!"* Ich ging mit Bauchschmerzen zur Tribüne, wo inzwischen die ganze Familie aus Japan versammelt war. Natürlich waren sie auch furchtbar stolz, dass ihr Sohn beziehungsweise Bruder bei den „Asian Games" mitritt. Das erste Pferd aus Japan kam in den Ring, es war fehlerfrei, jedoch wie! Wir kannten dieses Pferd gut und dies war nicht sein Stil: Es sprang mit vier Beinen gleichzeitig in die Luft. Yuki und ich guckten uns gegenseitig an und befürchteten das Schlimmste und die Befürchtung bewahrheitete sich. Apache kam in den Ring, und auch er benahm sich sehr seltsam. Er suchte mich. Ich habe mich hingestellt in dieser sehr großen Menschenmasse, und in einem Bruchteil einer Sekunde sah er mich dort stehen. *„Komm schon, Junge"*, rief ich, *„Du kannst es, zeig es!"* Er antwortete: *„Ich bleibe ein Krieger, und durch mich wird dieser Mann nicht gewinnen."* Ich hatte nicht die leiseste Ahnung, was er damit meinte.

Apache sprang und warf fast alles runter. Er gab sich gar keine Mühe, es gut zu machen. Ich lief sofort mit Yuki los und sagte: *„Hier stimmt etwas nicht."* Wie sahen seine Beine aus!

Yuki Hari mit seiner Frau Shiari und Tochter Cocolo

„Was ist passiert, Liebling?", fragte ich. „Erzähl es mir doch."
Apache erzählte, dass seine Beine und auch die von dem anderen
japanischen Pferd eingeschmiert worden waren und danach wurde
mit einem Balken dagegen geschlagen. Weil es Menschen gibt, die
dies nicht begreifen, werde ich kurz erklären, wie abscheulich und
gemein dies ist: Manche Trainer beschmieren die Beine von
Springpferden mit einer scharfen Salbe und wickeln die Beine danach mit Folie ein, damit es brennt. Nach einiger Zeit machen sie
die Folie ab und lassen das Pferd springen. Und dann, wenn das
Pferd springt, halten zwei Männer einen Balken fest, den sie in
dem Moment gegen die irritierten Beine schlagen. Das tut
schrecklich weh und hat zur Folge, dass ein Pferd seine Beine
beim nächsten Sprung noch höher hochzieht.

Apache erzählte die ganze Geschichte. In seinem Kopf war er noch immer das stolze Pferd eines großen Indianers, und er würde nicht tun, was der Mann, der ihm das angetan hatte (der Trainer), von ihm wollte. So sehr es ihm auch wehtat, er warf im Ring absichtlich alle Balken runter, denn der Trainer durfte nicht gewinnen. Seit Aachen hatte ich schon meine Zweifel, aber was konnte ich schon beweisen? Apache stand mit großen Schmerzen in seinem Stall und wir haben seine Beine so gut wie möglich behandelt. Er war stolz und stark und für uns war er der große Gewinner. Noch ein letztes Mal hatte er im Ring geglänzt, aber auf welche Art? Warum wurde ihm das angetan? Er hatte tatsächlich eine Chance gehabt, denn einen Tag zuvor sprang er so fantastisch.

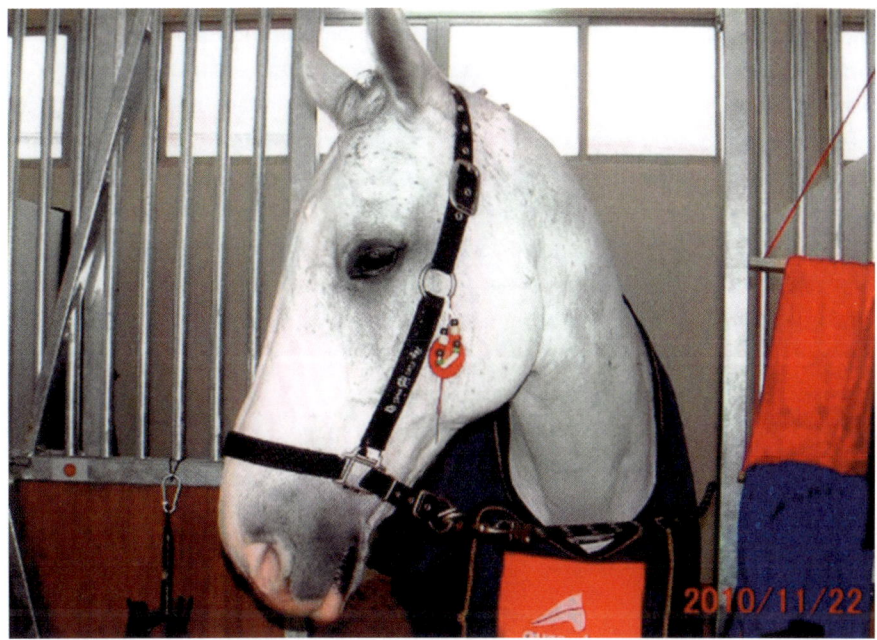

Apache, *Asian Games*, China

Apache genießt das Leben bei Yuki Hari in den Niederlanden auf einer großen Weide mit einer Herde Stuten. Er darf für den Rest seines Lebens dort bleiben und sein Leben genießen. Dieses Pferd hat diesen schönen Ruhestand verdient, nachdem es sein Leben lang hart gearbeitet hat. Von allen Pferden, denen ich in meinem Leben helfen durfte, ist dieses mein allerliebstes – mein Apache, mein großer Liebling, den ich jede Woche besuchen konnte. Und das Allerschönste, was er mir und meiner Familie gegeben hat, ist unsere neue Familie, die von Yuki Hari, dem Mann, vor dem ich schon immer so viel Respekt hatte; dem Mann, der wirklich alles für seine Pferde tut. Das ist so fantastisch.

Tesoro, das Wunderpferd!

Im schönen Österreich hatte ich einen Termin bei Jasmin und Rene, um ihren Araber Tesoro zum ersten Mal zu behandeln. Bereits bei diesem ersten Mal war ich beeindruckt von diesem speziellen Pferd, das seine Jasmin so sehr liebte und entsprechend glücklich war. An diesem Tag erzählte mir das Pferd etwas, das absolut unglaublich ist und weiterhin bleibt: Er sagte, dass seine Mama Jasmin das Baby nicht wegmachen dürfe. *„Was?"*, sagte ich zu Jasmin, *„Du bist schwanger?"* *„Ja"*, sagte sie weinend, *„aber nicht sehr glücklich darüber."* Die Ärzte hatten gesagt, dass das Kind geistig und körperlich schwer behindert sei und besser nicht geboren werden sollte. Wie schrecklich!

Tesoro begann, auf mich einzureden – das Baby sei gesund, er wisse das, es sei ein Junge, der später Fußball spielen würde, und alle Ärzte irrten sich, auch der, „der die Echos gemacht" habe. Das Pferd war traurig und bat mich, Jasmin davon zu überzeugen, das Kind auf die Welt kommen zu lassen. Das war natürlich eine schwere Aufgabe für mich – ich bin weder Arzt noch Zauberer. Was ich sehr wohl hatte, ist mein Vertrauen in das Pferd, und auch ich durfte mit der Hilfe meines lieben Indianerführers etwas mehr sehen: Ich sah in ihrem Bauch ein sehr schönes Kind, das nicht ohne Grund auf diese Welt zu Jasmin und Rene kam, und ich glaube auch, dass Kinder sich ihre Eltern selbst aussuchen. Dieses junge Paar hatte zusammen schon so viel mitgemacht und dieser kleine, ungeborene Sohn hatte ihnen sehr viel Liebe zu geben.

Tesoro sagte, dass ich sie fast so weit hätte, das Baby zu behalten, denn sie liebte diesen Kleinen in ihrem Bauch schon so sehr. Ich sagte ihm, dass ich das nicht entscheiden dürfe, weil so etwas nicht Sache eines Mediums sei, zudem sei ja eine sehr ernste Angelegenheit. Unabhängig von Tesoro war ich auch selbst davon überzeugt, dass die Ärzte sich irrten – das sagte mir mein Gefühl und auch mein geistiger Führer. Wieder sah ich den perfekt gesunden Jungen, und das sah das Pferd auch und ich glaubte ihm.

Tesoro stampfte und sagte: *„Lasst dieses Kind zur Welt kommen! Es wird meiner Mama so viel Glück bringen. Allerdings darf sie nicht mehr auf mir reiten, denn das Baby mag die Bewegung auf meinem Rücken nicht, davon wird ihm schlecht."* Rene musste lachen, als ich das sagte. *„Gott sei Dank"*, meinte er, *„ich habe wirklich lieber einen Sohn, der Fußball spielt."*

Bei den jungen Eltern breitete sich Freude aus und die Anspannung verschwand. Jasmin und Rene beschlossen zusammen mit Tesoro, ihren kleinen, ungeborenen Sohn auf dieser Welt willkommen zu heißen. Es wurden lange, spannende Monate, doch am 29.9.2017 wurde ihr vollkommen gesunder Sohn *Nico* geboren und alles war da, wo es hingehört. Was für ein großes Glück! *„Tesoro, das Wunderpferd!"* – durch seinen Glauben an die Gesundheit von Baby Nico stapft dieser kleine Junge inzwischen auf seinen kleinen Beinchen herum!

Der böse Bauer

An einem schönen, sonnigen Tag fuhr meine Schwester mich zu einem Termin und mit ihr es ist bei langen Fahrten immer gesellig. Ich hatte verstanden, dass es bei dieser Familie ein Problem mit den Pferden und Ponys gab – sie trauten sich nicht auf die Reitbahn und es gab viel Anspannung im Stall, wobei sie sich nicht erklären konnten, warum und wieso. Wir kamen bei einem prächtigen Komplex mit einem Haus, Ställen, Weiden und einer großen Reitbahn an. Meine Schwester fand es wunderschön, doch ich sah nur die dunkle Wolke, die über dem Komplex lag – und den bösen, alten Mann, der auf der Reitbahn stand!

Es war ein verstorbener Mann, der mich böse anguckte und sofort sagte: *„Verschwinde von meinem Grundstück, das gehört mir!"* Ich verstand sofort, woher die Unruhe im Stall kam, denn Tiere haben einen viel besseren Sinn als wir, einen sog. *sechsten Sinn*, und die Pferde sahen und fühlten den Mann natürlich auch. Als wir mit den Familienmitgliedern sprachen, hörten wir, dass sie viel Kummer hatten, seit sie diesen Komplex kauften: Die Mutter war ernsthaft krank und ihr Mann hatte direkt nach dem Kauf seinen Job verloren. Die beiden jungen Töchter hatten Stress und machten sich natürlich Sorgen um ihre Eltern und hatten zudem Angst, ihren Traum zu verlieren: eine Zukunft, in der sie zusammen mit ihrer Mutter Pferde und Ponys ausbilden würden. Ich bat sie, mich kurz alleine zu lassen und lief zur Reitbahn, um mal mit dem bösen Mann zu reden.

Er sah mich mit feurigen Augen an und sagte: *„Verschwinde, das ist mein Grundstück!"* Ich fragte ihn nach seinem Namen und er nannte ihn mir. Normalerweise kann ich eine verstorbene Person dann mit Gottes Liebe ins Licht schicken, doch dieser Mann war sehr böse und begriff nicht, dass er in eine andere Welt übergegangen war. Es hing so viel negative Energie bei ihm, dass auch ich Angst bekam, darüber hinaus bekam ich das Gefühl, zu ersticken. Er begann, hämisch zu lachen und sagte: *„Gut so, hier an dieser Stelle bin ich auch erstickt."* Ich bekam Angst und lief weg. Nach einem Glas Wasser sagte ich ihnen den Namen dieses Mannes und sie bestätigten, dass das der vorherige Eigentümer ihres Komplexes war, der an der genannten Stelle gestorben war. Sie selbst hatten auch das Gefühl, dass etwas Düsteres über ihnen hing, doch dies konnte ich nicht alleine in Ordnung bringen. Hierbei brauchte ich auch die Hilfe meines Mannes. Jim hat Lakota- und indonesisches Blut und ist seit Jahren ein richtiger Schamane, der von zuhause aus Menschen hilft, indem er ihre Häuser „sauber" macht – frei von Verstorbenen, die nicht begreifen, dass sie gestorben sind, aber auch von düsteren Mächten, die Menschen in den Wahnsinn treiben können und Ähnlichem. Es ist eine schwere, aber dankbare Arbeit. Die Mutter ließ ich alle Namen dieser Familie und auch den des „bösen Bauern" auf ein Blatt Papier schreiben und nahm dieses mit nach Hause. Jim machte sich gleich an die Arbeit.

Zwei Wochen später fuhr ich wieder zurück zu dieser wirklich netten Familie und war so froh für sie! Als ich dort ankam, war es sonnig und die Atmosphäre hatte sich sehr verändert, denn die dunklen Wolken waren verschwunden. Gott sei Dank hatte die Mutter zu hören bekommen, dass ihr Körper „sauber" war, denn auch die schlimme Krankheit war weg. Dies hatte sie eine Stunde bevor ich kam, erfahren. Ihr Mann hatte zudem am Vortag einen fantastischen Job bekommen und all ihre Sorgen waren wie weggeblasen. Die Töchter waren superglücklich über diese Nachricht und auch über die Tatsache, dass die Pferde und Ponys normal in die Reitbahn liefen. Auch die Anspannung im Stall war verschwunden.

Ich komme nun schon seit Jahren zu dieser Familie und ihr Betrieb ist aufgeblüht mit einer großen, zusätzlichen Reithalle, wo sie erfolgreich Pferde ausbilden, insbesondere für den Vielseitigkeitssport. Der böse Bauer ist verschwunden, denn er wurde mit Liebe ins Licht geschickt, wo er jetzt endlich Ruhe hat. Und dank Jim hat diese liebe Familie zusammen mit ihren Tieren auch ihren Frieden.

Warum nur noch Pferde?

Schon von klein auf arbeite ich mit Pferden, hatte jedoch, wie bereits beschrieben, auch schon immer die Fähigkeit, die Seelen verstorbener Menschen zu sehen und mit diesen auch zu sprechen – wie ich es eben mit dem bösen Bauern beschrieben hatte. Tiere waren mir allerdings immer lieber, obwohl es auch eine dankbare Tätigkeit ist, Menschen vieles verständlich zu machen, sodass sie ihr Leben wieder positiv angehen können. Es ist wunderbar, wenn Verstorbene mit mir reden wollen und so ein jeder etwas Schönes mitbekommt von seinen Liebsten, die ansonsten verloren scheinen. Durch Botschaften aus einer anderen Welt, die ich nicht wissen kann, wodurch Menschen jedoch wieder froh, glücklich und beruhigt werden, wissen sie, dass ihre Liebsten im Jenseits immer für sie da sein werden. Doch es kann auch sehr schwer für mich sein, denn was ich zu sehen bekomme, ist oftmals nicht sehr schön, vor allem, wenn es um jemanden geht, der mir nahesteht. Die nachfolgende Geschichte ist der Grund dafür, wieso ich heute keine Sitzungen mit mehr Menschen durchführe, und Sie werden sicherlich auch verstehen, weshalb.

Meine beste Freundin war schwanger, das ist fast 30 Jahre zurück, und sie wollte unbedingt, dass ich bei der Geburt mit dabei blieb. Es war ihr erstes Kind und ich war sehr stolz, dass ich dabei sein durfte, um sie zu unterstützen. Als es schließlich soweit war, war ich die stolze Tante Paulien mit einem wundervollen, kleinen Jungen auf dem Arm, in den ich sofort total verliebt war. Allerdings konnte ich damals „sehen", dass dieses Kind aufgrund einer Krankheit mit jungen Jahren sterben würde. *„Aber das kann doch nicht sein."*, dachte ich. *„Oh Gott, bitte mach, dass ich mich irre, und lass ihn zu einem gesunden Mann mit einem großartigen Leben* *aufwachsen!"* Meine Freundin möchte nicht, dass ich in diesem Buch seinen Namen nenne, weil er schon genug in der Öffentlichkeit stand, also bleibe ich hier bei „unser kleiner Junge".

Unser kleiner Junge wuchs bis zu seinem fünften Lebensjahr super heran, bis zu dem Tag, an dem ich nichts mehr von ihnen hörte – normalerweise sprachen wir fast jeden Tag miteinander. Ich spürte, dass irgendetwas Schreckliches passiert war. Zwei Tage lang rief ich an, fuhr bei ihrem Haus vorbei, aber hörte nichts von ihnen! Am dritten Tag rief sie mich an: *„Unser kleiner Junge war im Badezimmer gefallen und sein Gesicht war schief."* Sie waren auf schnellstem Wege zum Krankenhaus gefahren und nach zwei Tagen bekamen sie die schreckliche Nachricht, dass er einen nicht-operablen Hirntumor habe. Sie waren total am Ende und ihre Welt brach zusammen. Und meine große Angst ist leider Wahrheit geworden. Ich habe geschrien und geweint: *„Warum? So ein lieber, kleiner, unschuldiger Junge von fünf Jahren?"* Dann bekam ich noch eine Vision dazu: Sieben Jahre und die Zeit und das Datum seines Todes, und bin damals total zusammengebrochen – das durfte doch nicht wahr sein.

Das sind Dinge, die man nicht sehen will, denn daran geht man kaputt. Ich wurde schwer depressiv und verbrachte meine Zeit nur noch mit Pferden, um Trost zu finden – den sie mir auch immer gaben. Nächtelang konnte ich nicht schlafen. *„Warum, Gott, warum muss ich das sehen? Das ist die Hölle und ich bitte Dich, mich so etwas nie mehr sehen zu lassen."*
Trotz einer großen Spendenaktion, die es bis ins holländische Fernsehen brachte und auch prominente Spender fand, wurde meine Vision am Ende leider Wirklichkeit. Unser kleiner Junge starb, als er sieben Jahre alt war, an dem Tag und zu dem Zeit-

punkt, den ich bedauerlicherweise zu sehen bekommen hatte. Ich kann mir bis zum heutigen Tag den Schmerz seiner Eltern nicht vorstellen, doch den Schmerz, den *ich* damals hatte, wollte ich auch nicht mehr. Es war schwierig, einfach so weiterzuleben, und ich sackte weiter in meine Depression. Nichts fand ich mehr schön, nur Pferde, denn die waren gerecht und ehrlich, und ich half ihnen sehr gerne. Aber wie sollte das weitergehen bei der langen Warteliste an Menschen, die Hilfe suchten? Ich wusste keine Lösung, mein Mann allerdings schon: *„Hör auf, mit Menschen zu arbeiten, und tu, was Dich glücklich macht. Das ist doch nicht so schwer. Pferde machen Dich wieder glücklich und jetzt musst Du einmal an Dich selbst denken."*

Er hatte Recht, und nach Jahren fühlte ich eine schwere Last von meinen Schultern fallen. So beschloss ich, nur noch mit Pferden zu arbeiten – keine Menschen mehr. Und das war eine gute Entscheidung, es war *meine* Entscheidung, hinter der ich noch immer stehe. Die medialen Sitzungen mit Menschen sind für mich nun Vergangenheit, und derart schreckliche Dinge musste ich Gott sei Dank nicht mehr voraussehen.

Der Auslöser war somit unser kleiner, lieber Junge, der für immer mit meinem Herzen und meiner Seele verbunden bleibt – *„Ich liebe Dich bis zu den Sternen und wieder zurück!"*

Jan van Helsing
im Interview mit Paulien

Interview mit Paulien

Paulien, Du hast eine besondere Gabe und ein außergewöhnliches Leben. Viele Menschen meinen, dass das etwas ganz Faszinierendes sein muss, wenn man mit Tieren als auch mit Verstorbenen sprechen kann – was es ja durchaus ist. Aber wie wir nun anhand Deiner Erlebnisse erfahren haben, kann das auch sehr schmerzhaft sein, vor allem, wenn Du Jahre im Voraus von etwas Schlimmem Kenntnis hast, zum Beispiel wie bei der eben gelesenen Geschichte des kleinen Jungen, der dann verstarb.
Wie ist die Arbeit mit den Pferden für Dich? Ist es immer schön?

> Die Arbeit selbst ja. Doch oft ist es so, dass ich in einen Stall mit 20 Pferden gehe und 15 davon rufen dann: *„Hilf mir, aua, aua."* Und das macht es mir dann doch schwer, denn ich kann eben immer nur einem helfen. Wenn ich mich hier nicht abschotte, gehe ich daran kaputt. Natürlich möchte ich allen helfen, am besten allen Tieren auf der Welt, aber es geht nicht. Als wir Jacquelines Hund aus dem Tierheim geholt hatten, erzählte mir der Hund, wie er über mehrere Jahre hinweg auf der Straße gelebt hatte, ohne Herrchen, und er zeigte mir all die traurigen und schmerzhaften Erlebnisse – auch und vor allem mit Menschen.

Ich verstehe. Und wie hörst Du die Stimmen der Tiere? Ist das wie Telepathie oder wie richtige Stimmen?

> Ich höre die Stimmen, als spräche ein Mensch zu mir. Und die Pferde haben auch verschiedene Stimmlagen. Jacquelines Pferd Dakota hat beispielsweise einen tiefen Bass. Andere Pferde,

zum Beispiel Stuten, haben weibliche Stimmen – manchmal hoch, manchmal tiefer. Ich kenne auch Ponys mit einer ganz tiefen Stimme, das gibt es auch. Manche sind sehr redselig, anderen muss man alles aus der Nase ziehen.

Und dann erzählen Die Pferde nicht nur über sich, sondern eben auch über ihre Besitzer. Da meinte eines: Weißt Du, dass mein Frauchen einen anderen Mann hat – noch einen zweiten? Und der heißt soundso… Und nächste Woche geht sie weg von ihrem Mann, und der weiß noch gar nichts. Ja, und das ist dann manchmal richtig peinlich für mich. Die Pferde erzählen mir ja auch, ob ihr Besitzer gut mit ihnen umgeht oder ob er sie schlägt.

Mir selbst ist einmal etwas sehr Interessantes widerfahren, was Deine hier geschilderten Erlebnisse voll bestätigt. Und zwar war mein Großvater verstorben, und ich ging mit meiner Oma zu einer Dame, die ebenfalls Verstorbene sehen und mit diesen sprechen kann – das englische Medium Elsie Poynton. Für meine Oma war das der erste Besuch bei einem Medium. Sie hatte zwar schon immer ein gewisses Interesse an spirituellen Dingen, hat sich jedoch selten offen darüber geäußert. Sie sei als Kauffrau und gelernte Krankenschwester zu bodenständig, sagte sie, und man dürfe sich nicht auf solche Aussagen aus geistigen Sitzungen verlassen. Jedenfalls hatten wir bei Elsie gesessen, und Omas verstorbener Bruder, der Vater, der Großvater und andere meldeten sich, teilweise mit Namen, teilweise erkennbar an einem speziellen Ring oder an einer Brosche, die das Medium beschrieb, als Elsie plötzlich aufschreckte, auf den Boden und um ihre Beine herum sah und wörtlich von sich gab: *„Oh, was ist das – ein Wursthund (a sausage-dog)."* Und sie beschrieb einen kleinen Dackel, der durch das Zimmer hüpfte

und um Omas Beine herumtobte. Sie können sich kaum vorstellen, was meiner Oma in diesem Moment durch den Kopf
ging. War dies doch *Jeany*, ihr Dackel, der zwölf Jahre alt wurde und fast als das „dritte Kind" meiner Großeltern bezeichnet
werden konnte. Ich muss dazu erwähnen, dass meine Oma bis
zu diesem Zeitpunkt immer noch skeptisch war, aber dass ein
englisches Medium, das meine Oma noch nie zuvor gesehen
hatte, ihren verstorbenen Hund und gleichzeitig liebstes Stück
beschrieb, war dann doch wirklich überzeugend.
Diese Beispiele sind meiner Ansicht nach ein Indiz dafür, dass
die Verflechtungen im Jenseits beziehungsweise zwischen den
Seelen doch noch viel enger sind, als wir uns das vorstellen
können. Nicht umsonst spricht man heute immer offener von
Seelenfamilien. Wie siehst Du das, Paulien?

Ich sehe das zu hundert Prozent genauso. Die Tierseelen gehören zu uns, es sind unsere Freunde. Es ist überwiegend so, dass
Seelen zu einer Seelenfamilie gehören, sprich wir beide haben
heute eine geschäftliche Beziehung, waren aber in einem vorherigen Leben Bruder und Schwester. Manchmal ist man die
Mutter, manchmal der Großvater. Und so lernen die Seelen
an- und miteinander. Und die Seelen der Tiere begleiten uns.
Tiere nehmen uns Leid und Krankheiten ab, und sie geben uns
Freude. Mit ihnen sind wir zärtlich, wir schmusen mit ihnen,
wir kümmern uns um sie. Dadurch wächst das Bewusstsein unserer eigenen Seele. Oft nehmen die Tiere uns Krankheiten ab,
auch Krebs. Wenn es uns nicht gut geht, spüren die Tiere das
und kommen zu uns. Oft setzen sie sich dann – z.B. eine Katze
oder ein Hund – auf die erkrankte Stelle und ziehen die negative Energie ab. Es ist ein Liebesdienst.
Hierzu weiß ich zwei Geschichten aus meinem eigenen Leben.
Als ich mit Talitha schwanger war, musste ich meinen Boxer

einschläfern lassen, er hatte Krebs. Der Arzt sagte damals zu mir, dass ich aus dem Zimmer gehen sollte, während er den Hund einschläfert, weil das nicht gut für mich sowie das Kind im Mutterleib wäre. Also habe ich meinen Hund beim Sterben alleine gelassen – das ist furchtbar! Das belastet mich heute noch. Dann kann es sein, dass die Seele in einem anderen Hundekörper wiederkommt, damit man es diesmal anders macht.

Die andere Geschichte hat mit einem meiner Vorleben zu tun, das war die Sache in Schottland zur Ritterzeit, als ich so schrecklich zu den Tieren, aber auch zu den Menschen war. Im jetzigen Leben kann ich nun vieles davon wieder ausgleichen. Jetzt tue ich den Tieren Gutes.

Gibt es auch bei Tieren eine Reinkarnation, also dass zum Beispiel Pferde nochmals als Pferde inkarnieren?

Ja, das gibt es selbstverständlich. Die Tiere sagen das von sich aus, und sie lassen es mich auch sehen. Ich sehe das dann wie einen Film. Jacquelines Pferd Dakota – seine Geschichte haben wir ja im Buch erzählt – ist eines der Pferde, die mir von ihrem Vorleben erzählt haben. Dakota ist das rechte Pferd auf dem Buchcover. Ein anderes ist Cisco. Cisco war in seinem letzten Leben ein Mustang. Bei Jacqueline ist beispielsweise dieselbe Hundeseele schon zum zweiten Mal bei ihr – erst in ihrem Hund Wachtel, und als dieser starb, kam dieselbe Seele in einem anderen Hundekörper wieder zu Jacqueline. Das ist ihr jetziger Hund Angelina. Aber nicht alle Tierseelen reinkarnieren wieder. Zum Beispiel hat meine Sandy sich entschieden, nicht zu reinkarnieren, sondern stattdessen an meiner Seite zu sein und mir bei der Arbeit mit den Pferden zu helfen.

Wie habt Ihr Euch kennengelernt – Jacqueline, Petra und Du?

Es gibt hier einen Tierarzt, der mit mir eine Art Tournee durch ganz Österreich gemacht hat zu Pferden, denen eigentlich keiner mehr helfen kann. Dieser Tierarzt heißt Dr. Tilen Klevisar, und er ist für seine außergewöhnlichen Behandlungsmethoden weit bekannt. Dieser kam dann eines Tages zu Petra in den Stall. So lernte ich Petra kennen und auch Jacqueline, deren Pferde in Petras Stall stehen.

Du hast eigene Kinder. Sind diese auch medial?

Ja, ich habe eine Tochter, Talitha, die jetzt 40 Jahre alt ist und einen 36-jährigen Sohn. Talitha hat dieselbe Begabung wie ich und ihre kleine Tochter ebenfalls. Nachdem auch meine Oma bereits diese Begabung hatte, scheint es tatsächlich in unserer Familie zu liegen… Ich bin auch überzeugt davon, dass zum Beispiel die Seelen meiner Kinder und Enkel diese Familie bewusst gewählt haben, da sie hier diese Fähigkeiten nicht zu verstecken brauchen. Sie können sich frei entfalten und so auch ihren Weg gehen.

Talitha

Arbeitet Talitha medial, kann man bei ihr Sitzungen buchen?

Jein… Außer jemand spricht Englisch oder Holländisch. Da ihr Deutsch noch nicht so gut ist, ist es momentan besser, ihr ein Foto zu schicken, dann kann sie sich in Ruhe mit der Person befassen und medial Kontakt zu ihr aufnehmen. Das mag in ein oder zwei Jahren schon anders aussehen. Kontakt kann man hier aufnehmen: *info@paulien.at*

Siehst Du auch Engel, Schutzengel?

Nein, ich sehe nur die Seelen Verstorbener und die von Tieren.

Und dass Du wie Jacqueline den Schwarzen Mann oder etwas Ähnliches siehst?

Nein. Was ich sehen kann, ist die Aura von Menschen. Was ich zudem sehe ist, dass Menschen, die negativ sind oder die etwas Fremdes an sich haften haben, eine dunkle Aura oder etwas Schwarzes aufweisen. Und ich kann es auch riechen. Das Negative riecht schlecht. Das ist so!

Wie war das mit dem Sehen der Aura? Wie war das als Kind?

Die Aura habe ich schon immer gesehen. Ich fand das schön. Und wenn ich in der Aura etwas gesehen habe, Flecken zum Beispiel, dann habe ich den Leuten gesagt, dass sie zum Doktor gehen sollen. Also wenn es jemand war, der kurz davor war zu sterben, dann habe ich nichts gesagt. Aber wenn es nur eine Krankheit war und auch Hoffnung auf Heilung bestand, dann habe ich schon was gesagt, aber eben nicht, dass ich das in seiner Aura sehe, sondern ich habe gefragt, ob derjenige oft müde ist oder Schmerzen hat usw. Ich war ja doch eher verschlossen.

Zudem gibt es ein Phänomen, welches ich erst später verstand, als ich schon älter war. Und zwar bekam ich zum Beispiel bei Familienfesten oder Hochzeiten oft Kopfschmerzen oder fühlte mich plötzlich übel oder traurig. Das lag jedoch nicht an mir, sondern ich hatte die Schmerzen anderer Leute übernommen. Erst als ich erwachsen war, lernte ich, das wegzumachen, also die Schmerzen.

Manche Tierantworten lassen vermuten, dass sie „hellsichtig" sind. Wie kann man so etwas erklären?

Ich kann es leider nicht erklären. Aber es ist so, dass sie über sich selbst, vor allem aber über ihre Besitzer oder Leute, die im Stall arbeiten, Bescheid wissen. Sie kennen teilweise private Lebensumstände, Krankheiten oder Sorgen. Es ist für mich nicht erklärbar, aber es ist so.

Was meinst Du, ist es wichtig, dass sich die Menschen mit der geistigen Welt auseinandersetzen? Und wenn ja, wieso? Oder sollten wir uns nicht einfach auf das Hier und Jetzt konzentrieren und das Leben genießen?

Ja, es ist wichtig zu wissen, dass wir Hilfe von „oben" bekommen. Wir sind nie alleine, auch wenn wir im Leben mal in einer schwierigen Situation stecken sollten. Gott ist immer da, und unsere geistige Familie ist auch immer da. Das kann ein Großvater sein, den wir niemals kennengelernt haben, und doch ist er jetzt an unserer Seite und hilft.

Nachdem die meisten Menschen vergessen haben, wer sie in ihrem letzten Leben waren, was sie angestellt haben und warum sie infolgedessen in diesem Leben daran zu knabbern haben, erachte ich es durchaus als sinnvoll, sich mit solchen Men-

schen zu unterhalten, die sich entweder noch selbst an die Zeit im Jenseits erinnern können oder dort nachfragen können, so wie Du. Wenn wir herausfinden, wer wir vor diesem Leben waren und was wir uns im Jenseits für dieses jetzige Leben vorgenommen haben, so kann es uns helfen, zu verstehen, wieso wir diese oder jene Krankheit haben oder gar das eine oder andere Privileg genießen oder uns zu einer bestimmten Thematik oder Person hingezogen fühlen. Was meinst Du?

Absolut! Aber viele Menschen wollen das gar nicht wissen. Sie haben Angst. Vielleicht ist es auch die Angst vor der Verantwortung, die mit dem Bewusstsein einhergeht. Wenn man weiß, dass es Gott gibt und all die Seelen im Himmel und dass wir wiederkommen, um Dinge auszugleichen oder besser zu machen, dann kann man nur noch schwer ein Lotterleben führen. Wer erfahren hat, wer er vorher einmal war und welches Potential und welche Aufgabe er jetzt in dieses Leben mitgebracht hat, der lebt doch völlig anders, wesentlich bewusster und irrt nicht durchs Leben wie viele Menschen, die überhaupt nicht wissen, was sie hier auf diesem Planeten machen.

Es gibt Kinder, die spielen als Dreijährige wie ein großer Pianist, andere sind extrem sprachbegabt oder malen wie ein berühmter Künstler. Wenn man weiß, wer man im letzten Leben war, klärt sich das meist sehr schnell auf. Solche Begabungen sind kein Zufall, sondern wir bringen sie aus einem anderen Leben mit. Es gibt zudem überhaupt keine Zufälle...

Vielen Dank für die Beantwortung meiner Fragen, Paulien. Im Anschluss lesen wir noch ein paar spannende Episoden aus Deinem, für die meisten Menschen eher ungewöhnlichen Leben!

Weitere
aktuelle Erlebnisberichte

Weitere aktuelle Erlebnisberichte

Es ist *mein* Grundstück

Etwas sehr Außergewöhnliches spielte sich 2017 in der Provinz Zeeland ab, einem Gebiet im Südwesten der Niederlande. Nach einer zweistündigen Fahrt kam ich an einem wunderschönen Anwesen mit einem riesigen Grundstück an, durch das sich auch ein Bach zog – kurz gesagt, ein Traum. Das Anwesen wurde von einem sehr freundlichen und angenehmen Ehepaar bewohnt, dessen zwei Pferde allerdings vor irgendetwas Angst hatten. Diese Angst verspürten die Pferde allerdings nicht in ihrem vorherigen Haus. Erst als sie hierher zogen, veränderte sich das Verhalten der Tiere. Als ich dann das erste Pferd begutachtete, bekam ich sofort einen Hustenanfall und hatte das Gefühl, dass mir die Luft wegblieb. Plötzlich sah ich einen Mann – einen Verstorbenen –, der auf mich zukam und auch gleich zu sprechen anfing. *„Ich bin der Kees, und das ist mein Haus! Und ich hasse die Pferde. Ich bin hier jeden Tag, 24 Stunden, weil ich die Pferde hasse."* Nachdem ich mir den Kees genauer angesehen hatte, stellte ich fest, dass sein oberer Brustbereich und die Kehle zerschmettert waren. Weil ich in seiner Anwesenheit Atemprobleme verspürte – ähnlich dem Ersticken –, fragte ich ihn, was geschehen war. *„Nein"*, erwiderte er, *„ich sage Dir nichts."* Also erklärte ich ihm, dass ich dann zur Verstärkung meinen Mann holen würde. *„Du störst hier die neuen Besitzer, und Du störst die Pferde. Das war einmal Dein Haus, jetzt bist Du tot. Du musst jetzt loslassen und ins Licht gehen."* *„Nein"*, baffte er mich an, *„ich bleibe hier, bis die Pferde tot sind."* In diesem Moment konnte ich seine verstorbene Mutter im Himmel sehen, ihr Name war Ria, und ich bat sie, mir zu helfen. Ihr Sohn war tot, aber das war ihm offenbar nicht bewusst. Ich brauchte bei dieser Sache unbedingt Hilfe. Also fragte ich Ria, ob sie mir sagen könnte, wie Kees zu Tode gekommen war, und sie beschrieb mir, wie ihr Sohn in der Nähe des Bachlaufes durch ein Pferd zu Tode getreten worden war. Zum Zeitpunkt seines Todes war er erst 48 Jahre alt, und er hatte offenbar nicht realisiert, dass er verstorben war. Kees war zu Lebzeiten auch ein Pferdemensch gewesen und hatte die Tiere geliebt, doch eines hatte ihn totgetreten, weswegen ihnen nun sein Hass galt. Ich machte mir Gedanken darüber, wie ich ihm am besten helfen konnte. Zunächst hatte ich einmal etwas Wasser getrunken, weil ich weiterhin Atemprobleme hatte. Dann sprach ich mit dem ersten Pferd, das mir erklärte, dass der verstorbene Kees den ganzen Tag um sie herumstrich, sie immer wieder erschreckte oder zu ärgern versuchte. Am liebsten, sagte das Pferd, wäre es jetzt auch tot, weil es das nicht mehr aushält. *„Bitte nimm den Mann weg!“*, sagte es. Dann ging ich zu dem zweiten Pferd, welches die Situation ähnlich schilderte. Anschließend ging ich zu dem Ehepaar und erzählte ihm die Geschichte, die ich von Kees und dessen Mutter erfahren hatte, und bekam die Geschichte eins zu eins bestätigt. Sie erzählten, dass der eine Tritt des Pferdes ausgereicht hatte, den Kehlkopfbereich zu zerstören, weswegen Kees sofort tot war.

Ich erklärte den Besitzern, dass ich etwas unternehmen wolle, jedoch Verstärkung von meinem Mann Jim benötige, weil Kees mir zu stark sei – und sie willigten ein. Als ich mich gerade 20 Minuten im Auto befand, auf dem Rückweg nach Hause, tauchte Kees bei mir im Wagen auf. Sofort begannen die Atemprobleme wieder, und ich hatte das Gefühl zu ersticken. Ich hatte wirklich Angst vor ihm, was bei mir eher unüblich ist, aber ich entschied mich dann dafür, am Straßenrand anzuhalten, damit nichts Unvorhergesehenes passierte. Meine Hände zitterten, und nachdem ich mich wieder einigermaßen gefangen hatte, rief ich Jim an. Er spürte schon, wie es mir ging und meinte, dass ich auf jeden Fall stehen bleiben solle und er Kees nun entfernen würde. Die Minuten vergingen, und Kees wurde immer durchsichtiger, bis er schließlich ganz verschwand. Anstatt nach Hause zu fahren, drehte ich um und fuhr zum Anwesen zurück. Ich ging zu den Pferden und behandelte das erste Pferd. Ich spürte, dass meine Kraft wieder da war, und als ich mit dem zweiten Pferd begann, tauchte die Mutter von Kees auf und bedankte sich bei mir. *„Ich danke Dir, Kees ist nun bei mir, und er ist glücklich. Endlich glücklich! Ich habe ihn wieder zurück bei mir."*

Das Pferd hat Heimweh

Vor zirka einem Monat ging ich hier in Österreich zu einem Mädchen namens Alissa. Petra sagte mir, es sei ein Notfall und ich solle helfen. Alissas zehnjähriges Pferd sei seit zwei Jahren nicht mehr fit. Zuvor wäre alles bestens gewesen, er war sehr lieb, alles war prima. Aber nun gebe es Probleme mit der Atmung, komische Geräusche kämen aus seiner Kehle. Sie hätten bereits tausende Euro für Tierarzt und Klinik ausgegeben, aber nichts hatte geholfen. Also habe ich reingespürt, und es war klar, dass vor zwei Jahren etwas geschehen sein musste, was das Pferd in eine Stresssituation brachte. Es musste einen Auslöser geben. Deshalb bin ich mit Talitha zu Alissas Stall gefahren, wo ich Alissa vorfand sowie ihre Mutter, und schon kam auch das schwarze Pferd dazu. Sofort hörte ich das Geräusch in seiner Kehle, und es war klar, dass dem Pferd dringend geholfen werden musste. Weil es dem Pferd nicht gut ging, ging es auch Alissa nicht gut. Das Pferd war für Alissas Selbstvertrauen sehr wichtig, was die Mutter auch bestätigte. Es bestand also Handlungsbedarf.
Als ich mit der Behandlung begann, merkte ich gleich, dass es für das Pferd sehr schwer war. Es kam unheimlich viel Stress hoch, und ich wollte natürlich wissen, woher das kam. Und dann er-

zählte mir das Pferd, dass es mit dem Stall nicht zurechtkäme. *„Was mache ich hier in diesem Stall?"*, fragte es mich. *„Was tue ich hier?"* Es fühlte sich ängstlich, nicht geborgen. Nach Rücksprache mit Alissa erfuhr ich, dass das Pferd genau zwei Jahre zuvor in diesen neuen Stall gekommen war und damit offenbar nicht zurechtkam.

Daraufhin erklärte ich dem Pferd, dass auch ich erst vor kurzem aus Holland nach Österreich gezogen sei, von einem kleinen Häuschen in ein großes, schönes Haus, etwas, was wir uns immer gewünscht hatten. Dennoch war es für mich in den ersten Monaten schrecklich, ich hatte Heimweh. Das alte Haus war zwar nicht so schön, es gab da auch keine Berge und Wälder, dennoch hatte ich in der neuen Umgebung Kopfschmerzen, konnte nicht richtig essen und schlief schlecht. Aber dann kam der Moment, als ich mich am neuen Heim erfreuen konnte – und so ist es auch mit dem neuen Stall, dem neuen Besitzer usw. *„Alissa möchte das Beste für Dich, Du hast einen großen Stall, kannst jeden Tag raus."*, erklärte ich dem Pferd. *„Ja, ich weiß, aber ich vermisse auch meinen Pferdefreund aus dem vorherigen Stall. Ich bin so traurig."* Alissa war offenbar nicht bewusst, dass der Stallwechsel für das Pferd derart schlimm war und begann zu weinen, und auch das Pferd weinte. Ein Pferd kann wirklich richtig weinen, sodass Tränen aus den Augen kommen.

Zu lösen gab es deshalb die Situation um den Stall und um das Akzeptieren der neuen Situation. Ich habe dann eine kleine Hypnose mit ihm durchgeführt, habe ihm die neuen Umstände gezeigt, wie schön es ist, wie gut das Futter schmeckt, dass er jetzt neue Freunde hat – so, wie der Umzug auch mein Leben verändert hat. Dann hob er seinen Kopf an und meinte: *„Ja, Du hast recht, es ist gut so."* Dann bat er mich, ihn alleine zu lassen, er müsse über all das nachdenken. Ich bat Alissa daraufhin, das Pferd nach draußen zu bringen zu seinen Freunden auf die Koppel, damit ich ihm den Kopf leer machen konnte, was sie auch gleich tat. Als Alissa zurück in den Stall kam, bat ich sie, dem Pferd eine Woche Ruhe zu geben, damit es sich selbst finden konnte, um danach dann nochmals ganz neu zu beginnen, sich noch einmal ganz neu einzugewöhnen. Ich bat sie auch, mich darüber auf dem Laufenden zu halten, wie das Pferd sich entwickelt, und bereits zwei Wochen später ging es ihm wesentlich besser, die Halsgeräusche waren bereits verschwunden, er galoppierte auch wieder – Fazit: Alles wieder gut!

Gideon und der Großvater
Die Geschichte von Gideon hatte ich bereits erzählt. Das war das verstorbene Pferd, das ich sah, als ich aus der Bank kam und über den Markt lief. Nun, die Geschichte war damals noch nicht zu Ende. Ich hatte im Anschluss die Frau vom Hundefutterstand zuhause besucht und traf dort auch deren Mutter sowie ein anderes, noch lebendes Pferd, welches auch traurig über Gideons Tod war. Dem Pferd konnte ich helfen, bei der Familie war es auch sehr nett, und wir hatten schöne Gespräche. Man wollte wissen, wieso die verstorbenen Tiere zu mir kommen, und ich hatte das dann auch erklärt – vor allem, dass mir so etwas meist dann passiert, wenn ich nicht damit rechne. Tja, und dann kam der Opa ins Zimmer, ein sehr netter, älterer Herr. Und sofort hatte ich bei ihm die Krebserkrankung gesehen. Seine komplette Aura war schwarz. Ich dachte: *„Oh mein Gott, so eine liebe Familie, und alle leben unter einem Dach und so harmonisch."* Jedoch sah ich ganz klar, dass er in drei Monaten nicht mehr da sein würde. Der Opa bat mich dann darum, mit ihm in sein Zimmer zu gehen, und nachdem er die Türe hinter sich geschlossen hatte, fragte ich ihn: *„Was gibt es denn?" „Ich denke, dass Du das weißt.",* meinte er mit

ruhiger Stimme und erzählte mir von der Krebserkrankung und dass die Ärzte ihm noch ein viertel Jahr geben würden. Doch die Familie wusste nichts davon, und er bat mich dann, ihm dabei zu helfen, es der Familie mitzuteilen – was ich dann auch tat. Es war eine sehr traurige Angelegenheit... Aber sie hatten ja meine Nummer, und ich sagte ihnen nochmals, dass sie mich jederzeit kontaktieren könnten, wenn es etwas gäbe.

Eine Woche später kam auch schon ein Anruf, und Opa bat mich, ihm beim Übergang in die andere Welt zu helfen, ihm dabei zur Seite zu stehen. Ich nahm an, wollte aber Jim mit dabei haben, da er als Schamane auch mit seinen Gesprächen helfen konnte. Der Opa hatte Angst vor dem Sterben – wie die meisten Menschen –, doch wie so oft kam Hilfe von „oben", in diesem Fall in Form seiner bereits verstorbenen Frau. Sie war bereits 10 Jahre vorher ins Jenseits übergegangen und ließ mich dann viele Geschichten aus ihrem gemeinsamen Leben sehen, über die Kinder, die Arbeit, wie sie ihn geliebt hatte und das immer noch tut. All das hatte ich dem Opa übermittelt, auch dass seine Frau auf ihn wartet. Es waren viele kleine, wichtige Details für den Opa mit dabei, damit er überzeugt war, dass seine verstorbene Frau tatsächlich präsent war und ihn beim Übergang begleitete. Er hat sehr geweint, aber er war auch sehr glücklich. Das Ganze zog sich dann noch etwas hinaus: Opa kam ins Krankenhaus, und als es dann dem Ende zuging, kam seine Frau mit dazu, stand neben dem Bett, sprach nochmals durch mich zu ihm, was für den Opa sehr wichtig war, sodass er mit einem Lächeln im Gesicht verstarb.

Er ist dann mit seiner Frau mitgegangen. Ich konnte das alles sehen, auch wie es im Zimmer ganz hell wurde. Es ist traurig, aber auch sehr, sehr schön, das muss man schon sagen. Und im Bett liegt dann nur noch der Köper, die Seele ist davongeschwebt. Opa war dann endlich wieder glücklich, hatte keine Schmerzen und keinen Krebs mehr, alles war wieder gut. Und all das war wieder einmal durch ein Pferd ausgelöst worden. Das finde ich so schön, wie die Tiere bei alledem mitwirken.

Auch die Toten können lachen

Eine weitere Episode vollzog sich im Haus meiner Freundin Jacqueline. Vor 10 Jahren war ihr Mann Rolf nach langer Krankheit verstorben. Als ich das erste Mal in Jacquelines Haus kam, sah ich ihn sofort – also seine Seele. Ihr Mann war nicht nur ein äußerst erfolgreicher Unternehmer, sondern auch ein Virtuose auf mehreren Instrumenten und hatte zudem einen großartigen Humor. Er war ein richtiger Spaßvogel. Wenn ich Jacqueline besuche, und das ist oft der Fall, ist er auch immer da. Meist steht er in der Küche und lacht, ja, er lacht immer. Und ich sehe ihn oft mit einem Whiskey-Glas in der Hand stehen. Zu Lebzeiten hatte er gerne Whiskey getrunken und hatte eine gigantische Sammlung an Flaschen im Haus. Rolf ist immer da und passt auf Jacqueline auf. Das hat er mir bei den ersten Begegnungen erzählt, und dass er auch auf das Haus aufpasst und die Tiere. Wir hatten schon öfter längere Unterhaltungen geführt. Als ich dann das erste Mal bei Jacqueline übernachtete, lag ich im Bett, sprach ein Gebet, in dem ich um einen ruhigen Schlaf bat – *und keine toten Menschen bitte…*" Und was passiert? Schaut der Rolf ums Eck und sagt: *„Hihi, hast Du Angst vor mir?"* *„Ach Rolf, was erschreckst Du mich so…"*, rief ich ihm zu. *„Keine Angst, ich passe auf, dass niemand Fremdes ins Haus kommt, ich bin auch schon wieder weg…"* Ja, so ist das mit ihm. Er hat sich seine lustige Art auch im Jenseits bewahrt.

Also wenn ich bei Jacqueline bin, ist Rolf immer da. Manchmal bringt Rolf auch die Schwiegermutter mit, also Jacquelines Mutter, ihr Name ist Margot. Margot sah ich zum ersten Mal, als ich

Jacqueline bei den Pferden kennenlernte, und damals hatte sie mir aufgetragen, Jacqueline auszurichten, dass sie eine Erdbeerallergie hatte. Ich sollte das sagen, damit Jacqueline auch sicher war, dass es wirklich ihre Mutter ist, die mit mir spricht. Sie bestätigte die Erdbeerallergie.

Einmal kam Margot zu mir, als ich Jacqueline besuchte, und das war zu einem Zeitpunkt, als es Jacqueline nicht so sonderlich gut ging. Margot zeigte mir dann eine Art Vision, wie sie in einem grünen Jeep sitzt mit einem Kopftuch umgebunden, und erklärte mir, dass sie jetzt mit dem grünen Jeep in die Sahara fahre und den Rolf mitnehme. Da musste Jacqueline so lachen, weil ihre Mutter immer von einem grünen Militärjeep geschwärmt hatte, und ihre schlechte Laune war wieder verflogen.

Ja, so läuft das teilweise mit den Verstorbenen. Sie kommen dann, um uns aufzuheitern und Mut zu machen. Und speziell Rolf und Margot sind hier beste Beispiele dafür.

Die Autorin

Paulien wurde 1957 in Utrecht geboren und verfügt von klein auf über die Begabung, sich mit Tieren unterhalten zu können. Sie nutzt ihre Gabe, um Pferde ihre Geschichte erzählen zu lassen und hilft ihnen, mit Angst, Trauma und Stress umzugehen! Professionelle Ställe aus dem In- und Ausland öffnen ihr die Türen, wobei Paulien in der Lage ist, die Geschichte des Pferdes auf Reiter und Besitzer zu übertragen.
Dieser Ansatz, alternative Behandlungen durchzuführen, gewinnt auch bei uns immer mehr Anhänger. Dies zeigt sich anhand der immer stärker werdenden Nachfrage nach „Tierflüsterern", die mit Veterinären zusammenarbeiten und die mit Hilfe ihrer besonderen Fähigkeiten gesundheitliche Probleme bei Tieren aufdecken, verhindern oder noch bessere Ergebnisse in der Heilung erwirken.

„Gib Paulien ein Pferd, und sie wird mit ihm reden!"

Kontakt zu Paulien

www.paulien.at
Facebook: *Medium Paulien*

AP-Ranch

Wir bieten neben Pferdestellplätzen und Reitausbildungen auch den Familienurlaub auf unserer Ranch. Zudem finden ganzjährig Veranstaltungen und Seminare rund ums Pferd statt. Einen großen Raum nimmt dabei das *Natural Horsemanship* ein, bei der das natürliche Verhalten und die Psyche der Pferde im Mittelpunkt steht.

Das einzigartige Tierparadies in Lochen am See. Unsere Anlage liegt zirka 30 Kilometer nördlich von Salzburg, umgeben von zahlreichen Seen (Wallersee, Mattsee, Mondsee...)

Besuchen Sie unsere Internetseite und lassen Sie die Bilder auf sich wirken:
www.ap-ranch.at

AP-RANCH
Petra Sporer • Astätt 60 • A-5221 Lochen
Email: office@ap-ranch.at • www.ap-ranch.at

Tel: +43 (0)7745 8297 • Mobil: +43 (0)664 2031608

SCHUTZENGEL & CO

Martina Heise

Jeder Mensch hat einen Schutzengel

Wir werden von Engeln und anderen geistigen Wesen begleitet – jeden Tag. Doch nur wenige können diese bewusst wahrnehmen und mit ihnen kommunizieren. Martina Heise (ehem. Krämer) wurde mit dieser Gabe geboren und konnte von klein auf nicht nur ihren Schutzengel sehen, sondern auch die Seelen Verstorbener. Von ihrem Schutzengel wurde sie zum einen über den Sinn des Erdendaseins unterrichtet und zum anderen über die Mechanismen des Lebens, vor allem aber darüber, was im Jenseits auf uns wartet und wie wir uns das vorstellen können. In diesem Buch schildert Martina, wie sie lernte, mit den geistigen Wesen zu kommunizieren, welche Unterschiede es bei den feinstofflichen Wesen gibt, wie sie mit uns in Kontakt treten, uns Botschaften übermitteln und wie wir diese verstehen können. Sie erklärt auch die Gefahr, die von Besetzungen, Dämonen und anderen dunklen Wesen ausgeht und wie man diese beseitigen und unsere Häuser von solchen dunklen Energien befreien kann. Außerdem stellt sie Übungen zur Verfügung, wie man sich vor Negativem schützen und die eigene Intuition stärken kann.

ISBN 978-3-938656-38-9 • 21,00 Euro

GIFTDEPONIE MENSCH

Katja Kutza

Der ungewöhnliche Heilungsweg einer Amalgamvergiftung,
die Hintergründe moderner Volkskrankheiten und
die wundervolle Hilfe aus der geistigen Welt!

„Sie sind austherapiert. Wir können keine körperlichen Erkrankungen bei Ihnen feststellen und vermuten eine psychische Störung." Das waren die Worte, mit denen Katja Kutza aus den meisten schulmedizinischen Praxen entlassen wurde. Am Ende eines langen Leidensweges stand die Autorin mit einem nicht mehr funktionieren wollenden Körper und allein gelassen von Ärzten vor den Trümmern ihres einst glücklichen Lebens. Völlig verzweifelt an diesem Punkt angekommen, bekam ihr Leben endlich eine glückliche Wende. Durch innige Gebete gab es für Katja Kutza plötzlich außergewöhnliche Fügungen des Schicksals – meist in Form von alternativen und spirituellen Heilmethoden. Nicht nur ihre Grunderkrankung – eine Amalgamvergiftung – wurde aufgedeckt, auch spirituelle, geistige und energetische Heilsysteme ebneten ihr den Heilungsweg.

ISBN 978-3-938656-47-1 • 21,00 Euro

DER GOLDENE BLICK

Sabine zur Nedden, Simone Alz

Wie Du Dein Leben noch nie betrachtet hast

Ohne zu ahnen, was ihn erwartet, besucht Herr Mensch die Praxis von Dr. Augenblick und wird in eine geheime Methode eingeweiht, die seinem Leben eine völlig neue Richtung gibt: DER GOLDENE BLICK.

Mit seiner ergreifenden Geschichte eröffnet uns Herr Mensch hier dieses Geheimnis und erzählt, wie er sich selbst, seinen Alltag und das Leben komplett neu zu betrachten lernt. Was mit der Suche nach Antworten begann, wird zur persönlichen Transformation. Wie Sie hautnah erleben können, wird man auf eine sonderbare Weise in diese ungewöhnlichen Dialoge tief und wirksam miteinbezogen. Und so geht all das, was Herr Mensch mit Hilfe seines Meisters erkennt und erfährt, unmittelbar auf den Leser selbst über.

ISBN 978-3-938656-93-8 • 21,00 Euro

DIE KINDER DES NEUEN JAHRTAUSENDS

Jan van Helsing

Mediale Kinder verändern die Welt!

Der dreizehnjährige Lorenz sieht seinen verstorbenen Großvater, spricht mit ihm und gibt dessen Hinweise aus dem Jenseits an andere weiter. Kevin kommt ins Bett der Eltern gekrochen und erzählt, dass „der große Engel wieder am Bett stand". Peter ist neun und kann nicht nur die Aura um Lebewesen sehen, sondern auch die Gedanken anderer Menschen lesen. Vladimir liest aus verschlossenen Büchern und sein Bruder Sergej verbiegt Löffel durch Gedankenkraft.

Ausnahmen, meinen Sie, ein Kind unter tausend, das solche Begabungen hat? Nein, keinesfalls! Wie der Autor in diesem, durch viele Fallbeispiele belebten Buch aufzeigt, schlummern in allen Kindern solche und viele andere Talente, die jedoch überwiegend durch falsche Religions- und Erziehungssysteme, aber auch durch Unachtsamkeit oder fehlende Kenntnis der Eltern übersehen oder gar verdrängt werden. Und das spannendste an dieser Tatsache ist, dass nicht nur die Anzahl der medial geborenen Kinder enorm steigt, sondern sich auch ihre Fähigkeiten verstärken. Was hat es damit auf sich?

Lauschen wir den spannenden und faszinierenden Berichten medialer Kinder aus aller Welt.

ISBN 978-3-9807106-4-0 • 23,30 Euro

GEFÄHRLICH!

Stefan Müller

Du bist viel mächtiger, als Du denkst!

Es gibt Strukturen in unserer Gesellschaft – sei es in Politik, Wirtschaft oder Religion –, die haben ein starkes Interesse, dass Du Dich für einen unbedeutenden und hilflosen Menschen hältst. Dieses Buch ist für diese Kreise äußerst gefährlich, denn es enthält Geheimnisse, die Du nicht kennen sollst. Diese Informationen können Dich befreien! Vor allem machen sie Dich stark und selbstbewusst. Das Leben ist einfach zu kurz, um es unbewusst und vor dem Karren einer anderen Autorität zu verbringen. Es ist Dein Leben! Lebe dieses Leben „Like a Boss", nicht wie ein Bittsteller. Gehe erhobenen Hauptes durch die Welt, denn dazu hast Du jede Berechtigung: Du bist ein unglaublich machtvoller Schöpfer! Willst Du Deine körperlichen und geistigen Fesseln sprengen und endlich das Leben führen, das Dir zusteht? Dann triff eine Entscheidung. Und ich helfe Dir dabei.

ISBN 978-3-938656-08-2 • 17,80 Euro

WER HAT ANGST VOR'M SCHWARZEN MANN?

Jan van Helsing

Immer wieder hört man Berichte, dass einem Sterbenden kurz vor seinem Ableben ein „schwarzer Mann" erschienen ist; eine Gestalt, die in unserem Kulturkreis als „Freund Hein", „Boandlkramer" oder „Sensenmann" bezeichnet wird. Was denken Sie, wenn Sie solch eine Geschichte hören? Handelt es sich hierbei nur um eine Halluzination, Rauscherfahrung oder eine schlichte Ausschüttung von Bildern aus dem Unterbewusstsein?

Ähnlich nüchtern wäre Jan van Helsing auch mit solchen Berichten umgegangen, hätte er nicht selbst eine Begegnung mit diesem „schwarzen Mann" gehabt – zwei Wochen vor einem schweren Autounfall. Fasziniert von der Erscheinung dieses Wesens, beeindruckt von dessen Präsenz und vor allem neugierig geworden, versuchte Jan van Helsing über zwei Jahre hinweg, mit diesem Wesen in direkte Verbindung zu treten, was schließlich im Dezember 2004 gelang.

ISBN 978-3-9807106-5-7 • 19,70 Euro

Alle hier aufgeführten Bücher erhalten Sie im Buchhandel oder bei:

ALDEBARAN-VERSAND

Tel: 0221 – 737 000 • Fax: 0221 – 737 001

Email: bestellung@buchversand-aldebaran.de

www.amadeus-verlag.de